Altium Designer 21 PCB
设计项目实训教程

蔡 霞 主编

U0386879

清华大学出版社
北京

内 容 简 介

本书主要讲述 Altium Designer 21 PCB 设计。全书共 4 个项目,分别为元器件库的使用与设计、原理图设计、PCB 设计、PCB 设计高级进阶。本书通过大量的项目案例设计以及对实际产品 PCB 的仿制与剖析,突出了项目案例的实用性、综合性和先进性,使读者能快速掌握该软件的基本使用方法,并具备 PCB 设计的能力。

本书语言通俗易懂,内容丰富翔实,突出了以实训任务为中心的特点,由浅入深,逐步提高读者的设计能力,每个实训任务后都配备了思考题和能力进阶之实战演练。

本书既可作为高等院校电子信息类专业和培训班的教材,也可作为从事电子、电气、自动化设计工作的工程师的学习和参考用书。

图书在版编目(CIP)数据

Altium Designer 21 PCB 设计项目实训教程/蔡霞主编. —北京:清华大学出版社,2023.3

ISBN 978-7-302-62892-7

Ⅰ. ①A… Ⅱ. ①蔡… Ⅲ. ①印刷电路—计算机辅助设计—应用软件—教材 Ⅳ. ①TN410.2

中国国家版本馆 CIP 数据核字(2023)第 060947 号

责任编辑:王剑乔

封面设计:刘 键

责任校对:刘 静

责任印制:曹婉颖

出版发行:清华大学出版社

  网 址:http://www.tup.com.cn,http://www.wqbook.com

  地 址:北京清华大学学研大厦 A 座   邮 编:100084

  社 总 机:010-83470000   邮 购:010-62786544

  投稿与读者服务:010-62776969,c-service@tup.tsinghua.edu.cn

  质量反馈:010-62772015,zhiliang@tup.tsinghua.edu.cn

  课件下载:http://www.tup.com.cn,010-83470410

印 装 者:北京同文印刷有限责任公司

经 销:全国新华书店

开 本:185mm×260mm 印 张:15.75   字 数:382 千字

版 次:2023 年 5 月第 1 版   印 次:2023 年 5 月第 1 次印刷

定 价:49.00 元

产品编号:096273-01

"实施科教兴国战略,强化现代化建设人才支撑。"教育、科技、人才是全面建设社会主义现代化国家的基础性、战略性支撑。必须坚持科技是第一生产力、人才是第一资源、创新是第一动力,深入实施科教兴国战略、人才强国战略、创新驱动发展战略,开辟发展新领域、新赛道,不断塑造发展新动能、新优势。万物更新,教材也须与时俱进。2011 年笔者编写并出版了《Protel DXP 电路设计案例教程》,该书已重印多次,并在 2016 年推出了第 2 版,该版本也重印多次,可见该书讲述的内容和思路能满足读者的需求。但是,随着 Altium 公司的发展和软件的不断升级,加上计算机系统更新速度很快,本书以前的版本已经跟不上时代的需求。为了能够让广大电子线路初学者能快速掌握新软件 Altium Designer 21 的使用方法,使更多的电子设计工程师掌握 PCB 的设计方法,特编写出版《Altium Designer 21 PCB 设计项目实训教程》。

本书采用的软件是 Altium Designer 21。Altium Designer 21 是 Altium 公司推出的较新软件版本,它在以前版本的基础上加以改进,以操作简单、功能齐全、方便易学、自动化程度高等优点逐步占领市场,是目前非常流行的电子 CAD 软件。通过对 Altium Designer 21 软件的学习,读者可以理解电子 CAD 软件的基本概念和工作流程,能熟练使用软件进行电路原理图和印制板设计,进而通过机械加工与化学腐蚀工艺制作出适用的印制电路板。本书通过项目驱动法,按照实际设计流程,通过案例教学使读者循序渐进地掌握元器件库的使用与设计、原理图设计、PCB 设计以及 PCB 设计高级进阶,进而达到 PCB LAYOUT 工程师水平。

"电子线路板版图设计"是高等院校应用电子技术专业、智能控制专业的一门核心课程。建议该课程安排在"计算机应用基础""电工基础"之后讲授。按照高等院校"电子线路板版图设计"的教学特点,本书在注重内容的先进性和科学性的基础上更加突出了项目的实用性和可操作性。本书具有如下特色。

(1)先进性和科学性。本书项目丰富且实用,方便读者自学。

(2)项目驱动法。本书各个项目在授课内容的安排上采取项目驱动法教学,将每个实训任务的知识点均融入具体的项目中,引导读者灵活运用各个任务的知识点和技能,给出适当的操作步骤和提示,绘制实际的电路原理图和电路板图,巩固所学知识和技能。例如,全手工绘制单面板以设计振荡器电路的 PCB 为例,自动布线绘制双面板以设计三端稳压电源电路的 PCB 为例等。

（3）项目由浅入深、循序渐进地提高读者的设计能力。

（4）每个项目均配备了习题,便于读者操作练习。

全书共有 4 个项目,每个项目由多个实训任务作为支撑,主要有元器件库的使用与设计、原理图设计、PCB 设计、PCB 设计高级进阶等。在 PCB 设计高级进阶项目中讲解了四层 PCB 的设计,这部分内容在时下的教材里很少出现,但在实际生产设计过程中广泛应用。

本书既可以作为高等院校电子信息类、电气类、通信类、机电类专业的教材,也可以作为职业技术教育、技术培训及从事电子产品设计与开发的工程技术人员的参考书。

本书由上海电子信息职业技术学院蔡霞担任主编并负责统稿,由李玉玲和顾治萍担任副主编。本书的实训任务 4-1～实训任务 4-3 由李玉玲编写,实训任务 4-4 和实训任务 4-5 由顾治萍编写,其余部分由蔡霞编写,书中所有的项目案例与能力进阶题都经过上机操作和认真审核。由于编者水平有限,难免有疏漏和不足之处,敬请广大读者及时批评、指正,不胜感激。

蔡　霞

2023 年 2 月

CONTENTS

目录

本书配套教学资源

项目 1

元器件库的使用与设计

元器件是组成原理图必不可少的部分,虽然 Altium Designer 21 中已经自带了非常丰富的原理图元器件库,Altium 公司官方网站上的元器件库也会随时更新,但在实际项目中,并不是每个元器件在 Altium Designer 21 元器件库中都能找到其对应的原理图符号,即使找到了也可能存在与实际元器件引脚不一致的情况。这时,就需要根据实际元器件的电气特性或者外围形式绘制需要的原理图元器件。同样,Altium Designer 21 虽然提供了强大的元器件封装库,但随着电子工业的飞速发展,新型的元器件层出不穷,即使是同一类型的元器件,不同的生产厂商仍然有不同的封装形式。所以在印制电路板设计过程中难免会碰到这样的问题:并不是每个元器件在 Altium Designer 21 已有封装库中都能找到合适的封装。这时,就需要根据元器件的实际尺寸制作需要的封装形式。本项目主要介绍元器件库的使用和设计,元器件库包含原理图元器件库和封装库。

【项目目标】

(1) 能在 Altium Designer 21 官网上下载库文件。
(2) 能从现有原理图中提取原理图元器件库。
(3) 能从现有 PCB 图中提取封装库。
(4) 能依据元器件的 Datasheet(数据页),合理地设计原理图元器件库、封装库。
(5) 能正确使用原理图元器件库、封装库。

实训任务 1-1 元器件库的获取

任务 1-1
元器件库
的获取

【实训目标】

(1) 掌握 Altium Designer 21 元器件库获取的正确方法。
(2) 掌握从已有的原理图中提取原理图元器件库的方法。
(3) 掌握从已有 PCB 图中提取封装库的方法。
(4) 了解 Altium Designer 21 基本元器件库的使用方法。
(5) 掌握芯片 Datasheet 的查找和阅读方法。

【课时安排】

2 课时。

【任务情景描述】

Altium Designer 21 中自带的元器件库非常丰富,需要熟练对元件库进行操作。

元件库操作要求:

(1) 获取和使用 Altium Designer 21 中自带的元器件库。

(2) 从现有原理图中提取元器件库。

(3) 从现有 PCB 中提取封装库。

【任务分析】

Altium Designer 21 自带的元器件库只有两个常用库,Miscellaneous Devices. IntLib 和 Miscellaneous Connectors. IntLib。Altium Designer 软件版本每年更新,在 Altium 公司官方网站的元器件库也经常更新,官方提供的库大多数质量较好,所以获取最精准的元器件库的方法是在官网下载。

【操作步骤】

1. 官网下载库文件

获取元器件库的方法很多,最基本的方法就是在 Altium 公司官方网站上下载 Library 库。如图 1-1 所示,下载 Altium Designer 10 之前的"冷冻"库,这些库今后不再更新,单击 Download all libraries,即可下载所有的库,压缩包总共 305MB。Altium 官网的元器件库以芯片生产厂商名来分类,一些著名的芯片生产厂商(如 Atmel、Dallas、Lattice 等)都有元器件库。设计者也可以根据需要下载。

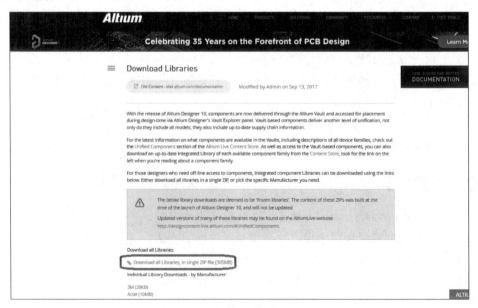

图 1-1 Libraries 的下载页面

2. 从已有的原理图中提取原理图元器件库

（1）打开 Altium Designer 21，启动界面。

（2）在 Altium Designer 21 安装目录 Altium Designer 21 下找一个现成的项目，打开其原理图文件，执行菜单命令 File｜Open Examples，这里选择 Bluetooth_Sentinel 项目。双击黄色的 Microcontroller_STM32F101. SchDoc 图标，即可打开 Sch 文件，即原理图文件，如图 1-2 所示。

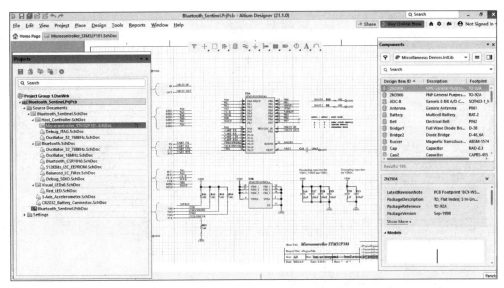

图 1-2　Bluetooth_Sentinel. Sch 文件

（3）执行菜单命令 Design｜Make Schematic Library，弹出如图 1-3 所示的信息提示，即生成了这张原理图上的所有元器件，并且符合官方标准。

（4）打开 Bluetooth_Sentinel 库文件如图 1-4 所示，设计者就可以在以后的设计中直接

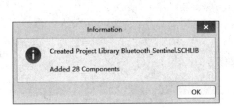

图 1-3　信息提示框　　　　　　　　　图 1-4　Bluetooth_Sentinel 库文件

使用库文件,这大大缩短了设计者的设计时间。单击 Sch Library 标签,打开 Sch Library 面板,设计者可以查看库里面的文件,还可以直接进行修改。双击要修改的元器件,可以直接拖动引脚,改变引脚位置,在弹出的属性对话框中修改属性,如图 1-5 所示 Bluetooth_Sentinel 库文件修改界面。

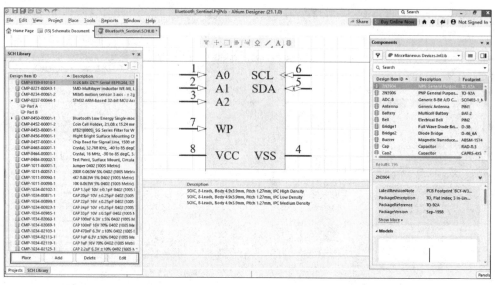

图 1-5　Bluetooth_Sentinel 库文件修改界面

3. 从已有的 PCB 图中提取封装库

(1) 在 Altium Designer 21 安装目录 Altium Designer 21 下找一个现成的项目,打开其 PCB 文件,执行菜单命令 File | Open Examples,这里选择了 Bluetooth_Sentinel 的项目。双击绿色的 Bluetooth_Sentinel.PcbDoc 图标,即打开了 PCB 文件,如图 1-6 所示 Bluetooth_Sentinel.Pcb 文件。

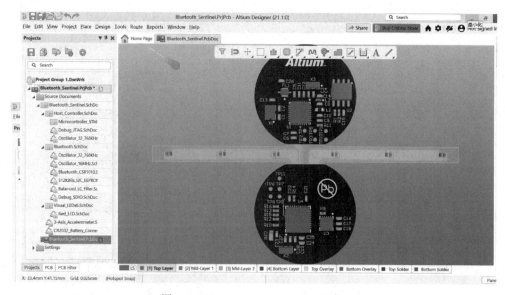

图 1-6　Bluetooth_Sentinel.Pcb 文件

（2）执行菜单命令 Design｜Make Pcb Library，弹出如图 1-7 所示的信息提示框，生成 PCB 封装库的文件，如图 1-8 Bluetooth_Sentinel 封装库文件所示，即生成了这块 PCB 上的所有元器件封装，并且符合官方标准。

图 1-7　信息提示框

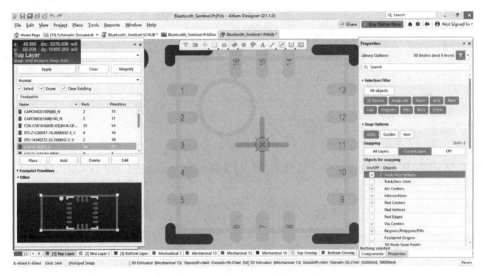

图 1-8　Bluetooth_Sentinel 封装库文件

（3）打开 PCB Library 面板，接着打开 Bluetooth_Sentinel 封装，设计者可以查看库里面的文件，设计者在以后的设计中可以直接使用或者修改封装，这大大缩短了设计者的设计时间。

【思考题】

（1）每个元器件都有封装吗？每个元器件的封装都是不一样的吗？

（2）一个元器件可以有多个封装吗？封装与电路板有何意义？

（3）你能举例说明一下元器件符号和封装分别对应什么吗？

（4）现在国内比较流行的制作印制电路板的软件有哪些？

（5）你能下载 Altium Designer 10 版本以前的库文件吗？

（6）你能下载新版本的库文件吗？

【能力进阶之实战演练】

（1）请把 Altium Designer 21 的 Examples 中的 Mini PC 项目中的原理图元器件整理成元器件库文件，PCB 中的封装整理成封装库文件，并保存。

（2）请把如图 1-9 所示 STC 烧录器原理图中的元器件整理成元器件库文件，并保存文件。

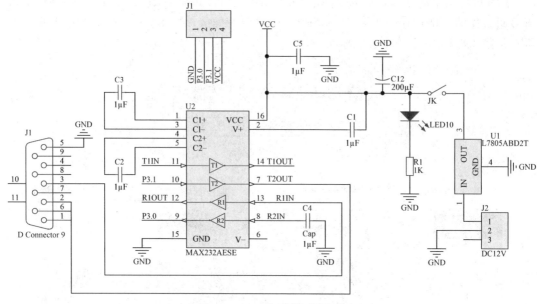

图 1-9　STC 烧录器原理图①

（3）请把如图 1-10 所示 STC 烧录器 PCB 图中的封装整理成封装库文件，并保存文件。

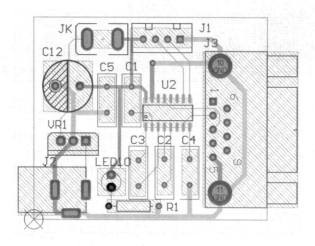

图 1-10　STC 烧录器 PCB 图

任务 1-2
三极管元器
件的绘制

实训任务 1-2　三极管元器件的绘制——分立元器件

【实训目标】

（1）能新建原理图元器件库。

（2）能绘制分立元器件符号。

---

① 本书涉及 Altium Designer 软件用图的，其电气符号、变量、单位等采用原图，未采用国标。全书同。——编辑注

（3）能正确修改元器件名。

（4）能给分立元器件添加正确的封装。

【课时安排】

2课时。

【任务情景描述】

在实际项目中,并不是每个元器件都能在 Altium Designer 21 元器件库中找到与其对应的原理图符号,有时即使找到了也可能存在与实际元器件不完全一致的情况。这时,就需要根据实际元器件的电气特性或者外围形式绘制需要的原理图元器件。

三极管 NPN 9013 元件库设计要求:

（1）请绘制如图 1-11(a)所示的三极管 NPN 9013。

（2）编辑 NPN 9013 的属性,如添加元器件标号为"Q?",元器件命名为"9013",加载元器件封装 TO-92A。

（3）如图 1-11(b)所示为三极管产品图,一一对应示意图和产品图的引脚。

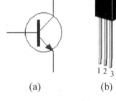

图 1-11 三极管 NPN 9013
示意图和产品图
1—发射极;2—基极;3—集电极

【任务分析】

分立元器件种类比较多,每一种元器件根据其电气参数和外形尺寸又可以分为多个种类。分立元器件包括电阻、电容、二极管、三极管、稳压管、LED 指示灯等。Altium Designer 21 中的分立元器件大部分都在 Miscellaneous Devices.IntLib 集成库中。这里介绍完全手工绘制三极管的方法。设计者熟悉操作后也可以在常用库中找到相似的三极管元器件,复制修改后再使用。

【操作步骤】

1. 创建原理图元器件库文件

在创建新的元器件之前,应先创建一个新的原理图元器件库文件。原理图元器件库一般由多个元器件构成,这些元器件可被单独选取,并与其 PCB Footprint 元器件名同步对应。创建原理图元器件库文件的具体操作步骤如下。

（1）新建:执行菜单命令 File | New | Library | Schematic Library(图 1-12),或右击 Projects 面板,在弹出的快捷菜单中选择 Add New to Project | Schematic Library (图 1-13),从而启动元器件库编辑器,并自动创建名为 Schlib1.SchLib 的元器件库文件,其中,.SchLib 是 Altium Designer 21 中原理图元器件库文件的后缀名。

（2）保存:执行菜单命令 File | Save,或在右键快捷菜单中选择 Save,弹出如图 1-14 所示的 Save 对话框,将文件名修改为 MYSCHLIB.SchLib。系统默认的保存路径与该文件所在工程文件相同。

（3）打开管理面板:单击选项卡中的 SCH Library 按钮(图 1-15),打开如图 1-16 所示的 SCH Library 管理面板,该元器件库中已自动创建名为 COMPONENT_1 的元器件,该面板用于创建、调整和管理元器件库。

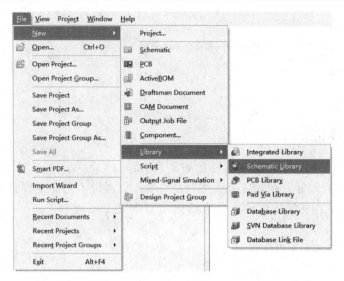

图 1-12　File│New│Library│Schematic Library 选项

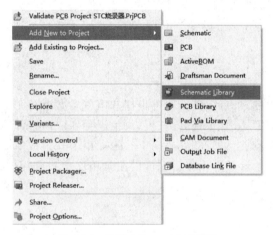

图 1-13　新建 Library 快捷菜单

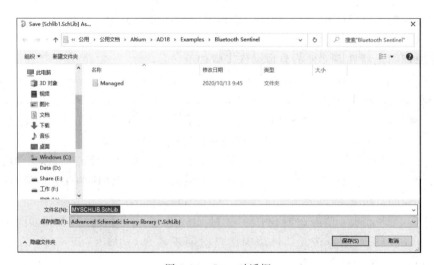

图 1-14　Save 对话框

（4）库面板的使用：在库面板下方有 Place、Add、Delete、Edit 四个  按钮，分别是放置元器件、增加元器件、删除元器件、编辑元器件。单击 图 1-15　选项卡 Add 按钮，即可弹出如图 1-17 所示新建元器件对话框 New Component。

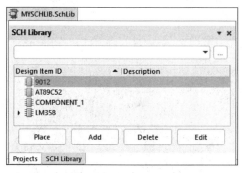

图 1-16　SCH Library 管理面板　　　　图 1-17　New Component 对话框

2. 绘制元器件

（1）绘制元器件符号：绘制元器件的工作区如图 1-18 所示，其中十字交叉点是绘制元器件的基准位置，图中元器件的坐标都以这一点为基准。绘制元器件符号的工具主要来自 Sch Lib Drawing 工具栏（图 1-19），下面是绘制三极管 9013 的具体操作步骤。

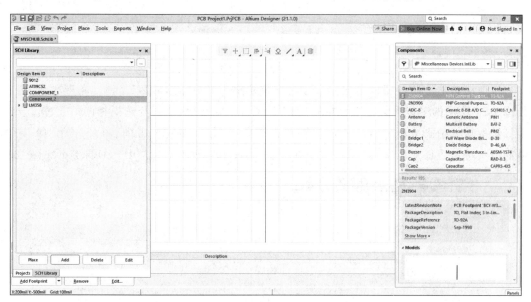

图 1-18　原理图元器件库工作区

图 1-19　Sch Lib Drawing 工具栏

右击直线工具栏右下角的灰色三角形，弹出如图 1-20 所示下拉菜单，选取圆弧绘制按钮（Full Circle），以十字交叉点为圆心绘制一个圆，然后右击结束这部分图形的绘制。

选取直线绘制按钮(Line),在圆中绘制一条直线,双击直线打开如图 1-21 所示的直线属性对话框,将线宽改为 Medium(中等宽度),将颜色改为蓝色,再绘制两条 45°角的直线。

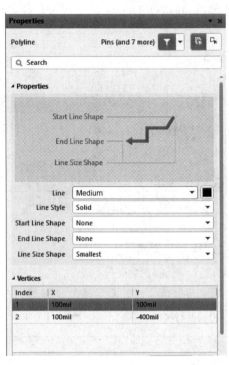

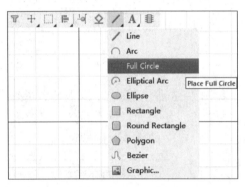

图 1-20　直线工具栏的下拉菜单　　　　　　图 1-21　直线属性对话框

选取多边形绘制按钮(Polygon),在右下角绘制一个小三角形,双击该三角形区域,打开如图 1-22 所示的多边形属性对话框,勾选 Fill Color 复选框,选择与边框相同的蓝色。

选取放置引脚按钮 ᵥ,可通过空格键旋转角度,分别在三个方向各放一个引脚,注意带有电气捕捉点即显示灰色叉的一端朝外(图 1-23)。单击属性对话框中 Pins 标签页(图 1-24),

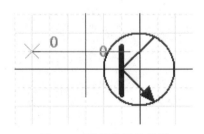

图 1-22　多边形属性对话框　　　　　　图 1-23　引脚放置示意图

打开如图 1-25 所示的"引脚属性"编辑框,单击编辑按钮  ,在"引脚属性"编辑器(图 1-26)中设置 Name(引脚名),Designator(引脚号)依次为 1、2、3。由三极管的基本知识可知,1 号引脚对应的是三极管的 e 极,2 号引脚对应的是三极管的 b 极,3 号引脚对应的是三极管的 c极。因分立元器件引脚名显示出来会使图纸显得很凌乱,故引脚名和引脚号经常隐藏。单击复选框 Show、Name,将其中的√去掉,这样原理图符号上就不显示引脚名与引脚号了。

图 1-24 Pins 标签页

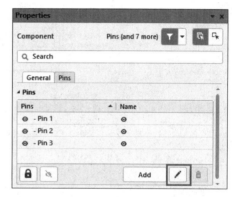

图 1-25 "引脚属性"编辑框

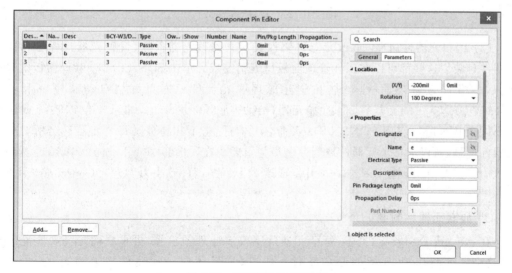

图 1-26 "引脚属性"编辑器

（2）设置 Snap Grid：在绘图过程中，设计者可能会因为光标移动间距的限制而受到干扰，这是因为系统默认的 Snap 为 1mm、2.5mm、5mm。可通过菜单命令 Tools | Preferences 打开 Preferences 对话框（图 1-27）Schematic 下的 Grids，将 Snap Grid 全部都改为 1mm，这样绘图时就显得更游刃有余了。

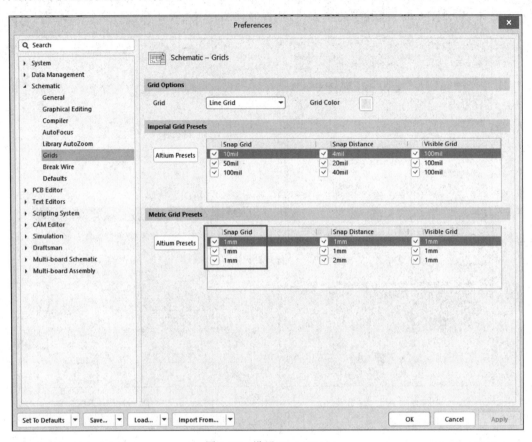

图 1-27　设置 Snap Grid

（3）编辑元器件属性：修改元器件属性又包含修改元器件名、设置元器件标号和链接元器件封装。这些都可以在属性管理面板里编辑完成。单击 SCH Library 管理面板的 Edit 按钮，打开属性管理面板，虽然在创建原理图元器件库时系统会自动新建一个名为 COMPONENT_1 的元器件，但随着元器件库中元器件的增加，如果仅仅以系统默认的 COMPONENT_1、COMPONENT_2 等命名元器件，将不容易分辨每个元器件名所对应的元器件符号，所以为每个元器件规范命名极为重要。在属性 Design Item ID 中，将元器件名修改为 9013。在属性 Designator 中，修改默认元器件标号为"Q?"，Comment（注释）为 9013。

3. 加载元器件封装

在 Altium Designer 21 中，每个元器件不仅有原理图符号，更重要的是需要匹配的封装，这是后续制作 PCB 板的必备条件。所以，最后还应给元器件加上封装，在此选用 Altium Designer 21 中三极管的封装 TO-92A，其操作步骤如下。

（1）添加 Footprint 模型：在"元器件属性"区域中的 Footprint 区域中，单击 Add 按钮，弹出如图 1-28 所示的添加封装模型对话框，在下拉菜单中选择 Footprint，打开如图 1-29 所示的 PCB 模型对话框（PCB Model）。

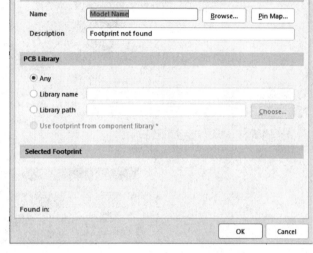

图 1-28　添加封装模型对话框　　　　　图 1-29　PCB Model 对话框

（2）查找并添加封装：在 PCB Model 对话框中，单击 Browse 按钮，弹出如图 1-30 所示的浏览库对话框，并单击右上角的 Find 按钮，弹出如图 1-31 所示的查找库对话框，使其中的 Path 指向 Altium Designer 21 中 PCB 文件夹在本机中的安装路径，并在 Name 中输入 TO-92A，单击 Search 按钮开始查找。最后搜索三极管封装，单击右下角的 OK 按钮返回，封装即被加载。图 1-32 为查找到三极管封装的示意图，图 1-33 为加载好封装的属性对话框，图 1-34 为加载封装后的模型面板，从这三个信息里都可以看出元器件已经完成了封装的加载。

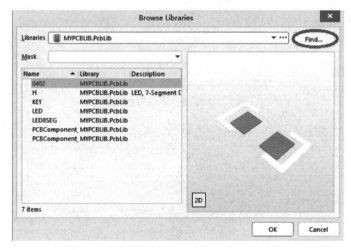

图 1-30　浏览库对话框

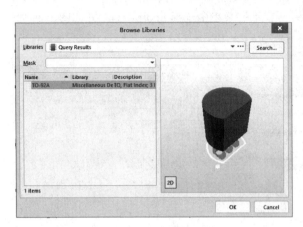

图 1-31　查找库对话框

图 1-32　查找到三极管封装的示意图

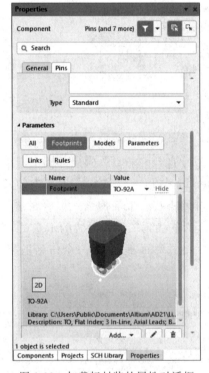

图 1-33　加载好封装的属性对话框

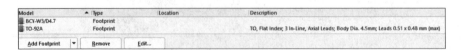

图 1-34　加载封装后的模型面板

至此,三极管 9013 元器件绘制完毕,最后保存文件。

【思考题】

（1）若要将 PCB 编辑区里的元器件添加到封装库中，应如何快速有效地处理？

（2）在元器件符号库中编辑引脚，如何才能显示低态使能的引脚名称（例如：$\overline{\text{LOW}}$）？

（3）如何放大或缩小窗口显示比例？

【能力进阶之实战演练】

创建一个原理图元器件库，并绘制发光二极管符号，如图 1-35 所示，命名为 LED。添加封装 DIODE0.4。隐藏引脚号与引脚名，引脚属性如图 1-36 所示。

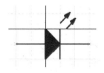

图 1-35　发光二极管原理图符号

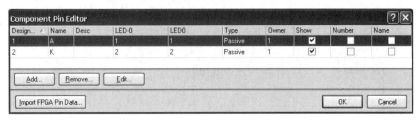

图 1-36　发光二极管引脚属性

实训任务 1-3　语言芯片 ISD1420 的绘制——集成芯片

任务 1-3
语言芯片
ISD1420
的绘制

【实训目标】

（1）了解集成芯片的概念。

（2）能从集成芯片的 Datasheet（数据页）中获取有效信息，如芯片引脚、封装等。

（3）学会绘制集成芯片符号。

（4）学会编辑集成芯片。

（5）学会加载芯片封装。

【课时安排】

2 课时。

【任务情景描述】

图 1-37～图 1-39 所示为官方网站上下载的 Datasheet（数据页），分别为语音芯片 ISD1420 芯片示意图、封装图、封装参数截图。

语音芯片 ISD1420 芯片元件库设计要求如下。

（1）如图 1-37 所示，请根据 Datasheet 的信息，绘制 ISD1420 芯片符号。

（2）编辑元器件属性如添加元器件标号为"U?"，命名为 ISD1420。

（3）根据如图 1-38 和图 1-39 所示的封装信息，加载元器件封装 PDIP-20。

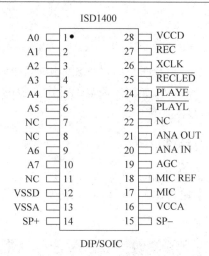

图 1-37   语音芯片 ISD1420 芯片示意图

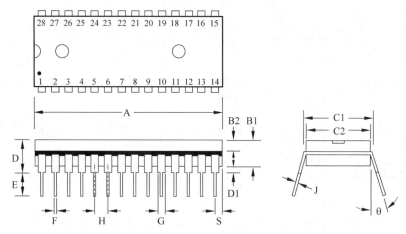

图 1-38   语音芯片 ISD1420 芯片封装示意图

塑料双列直插式(PDIP)宽体封装尺寸

	INCHES(英寸)			MILLIMETERS(毫米)		
	Min(最小)	Nom(通常)	Max(最大)	Min(最小)	Nom(通常)	Max(最大)
A	1.445	1.450	1.455	36.70	36.83	36.96
B1		0.150			3.81	
B2	0.065	0.070	0.075	1.65	1.78	1.91
C1	0.600		0.625	15.24		15.88
C2	0.530	0.540	0.550	13.46	13.72	13.97
D			0.19			4.83
D1	0.015			0.38		
E	0.125		0.135	3.18		3.43
F	0.015	0.018	0.022	0.38	0.46	0.56
G	0.055	0.060	0.065	1.40	1.52	1.65
H		0.100			2.54	
J	0.008	0.010	0.012	0.20	0.25	0.30
S	0.070	0.075	0.080	1.78	1.91	2.03
θ	0°		15°	0°		15°

图 1-39   ISD1420 芯片封装参数截图

【任务分析】

集成电路是通过一系列特定的加工工艺,将多个晶体管、二极管等有源器件和电阻、电容等无源器件,按照一定的电路连接集成在一块半导体单晶片或陶瓷等基片上,作为一个不可分割的整体执行某一特定功能的电路组件。集成电路虽然内部结构复杂,但是在电路图中一般用简洁的方块符号表示。本任务是根据芯片的 Datasheet 完成芯片元器件库的设计。

【操作步骤】

1. 新建元器件

在实训任务 1-2 中已经新建了原理图元器件库文件项目 1. SchLib,所以若再新建元器件,可在已有元器件库中添加。在原理图元器件库中添加新元器件有以下两种方法。

方法一:执行菜单命令 Tools | New Component,打开新建元器件对话框(图 1-40)。

方法二:单击 SCH Library 管理面板 Components 区域中的　Add　按钮。然后将元器件名修改为 ISD1420,此时该元器件被添加至 SCH Library 管理面板的元器件列表中,如图 1-41 所示。

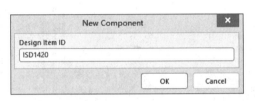

图 1-40　新增元器件

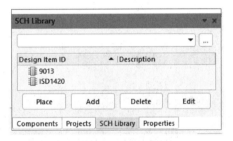

图 1-41　添加新元器件后的元器件列表

2. 绘制元器件

从工作区的基准点开始绘制,其具体操作步骤如下。

右击工具栏 ⬡ 图标的灰色三角形,打开绘图选项如图 1-42 所示。选取矩形绘制按钮 ▦ Rectangle ,绘制一个长方形。

选取"放置引脚" 按钮,分别在左右两边放置依次编号的 28 个引脚,如图 1-43 所示。

放置完成后双击引脚进行编辑,最后绘制完毕的 ISD1420 元器件符号如图 1-44 所示。

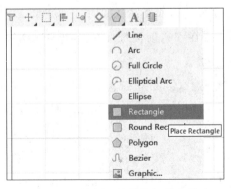

图 1-42　绘图工具栏的矩形选项

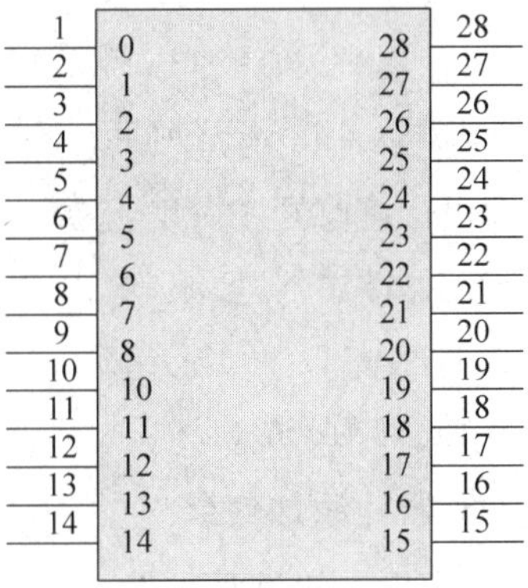

图 1-43　添加引脚

ISD1420 引脚较多,使用元器件引脚编辑器来操作可以达到事半功倍的效果。单击 SCH Library 管理面板的 Edit 按钮,打开元器件属性工具栏,单击 Properties 区域中 Pin 标签,如图 1-45 所示。打开元器件引脚编辑环境,单击"修改" ✐ 按钮,打开元器件引脚编辑器,依次修改 28 个引脚名,如图 1-46 所示。

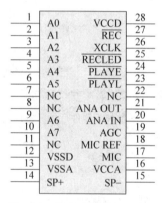

图 1-44　绘制完毕的 ISD1420

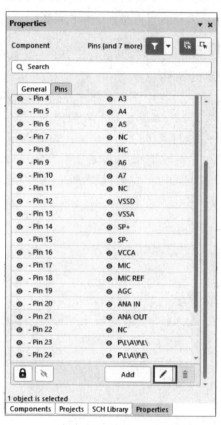

图 1-45　Properties 区域中 Pin 标签

当绘制元器件的引脚较多时,可先放置依次编号的引脚再统一添加引脚名。即在放置第一个引脚时,使其处于悬浮状态,通过 Tab 键打开引脚属性对话框(图 1-47),设置 Name (引脚名)为空,Designator(引脚号)为 1,随后放置的引脚将依次从 1 开始自动编号,直到 28。在修改引脚名时,若碰到带非号的引脚名,可在字符前面加"\"。如 $\overline{\text{REC}}$ 引脚,则输入 "\REC"即可。修改好之后单击 ⏸ 按钮即可完成放置。

打开"元器件属性"区域,单击 Properties 区域中 General 标签,在属性 Design Item ID 中,将元器件名修改为 ISD1420。在属性 Designator 中,修改默认元器件标号为"U?",Comment(注释)为 ISD1420。

3. 为元器件添加封装

根据厂商提供的说明文件,芯片 ISD1420 的封装是 PDIP-28。单击 Properties 区域中 General 标签,单击下方的 Add 按钮,弹出 PCB Model 对话框,单击 Browse 按钮,打开库浏

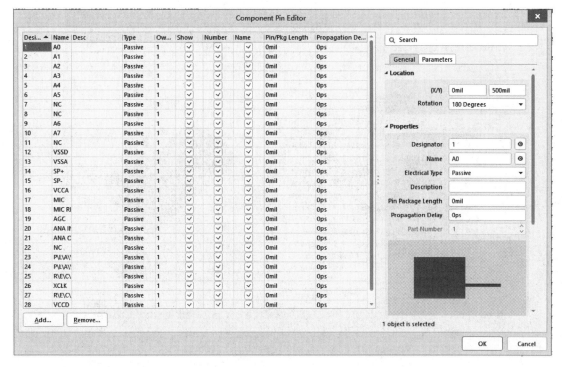

图 1-46　元器件引脚编辑器

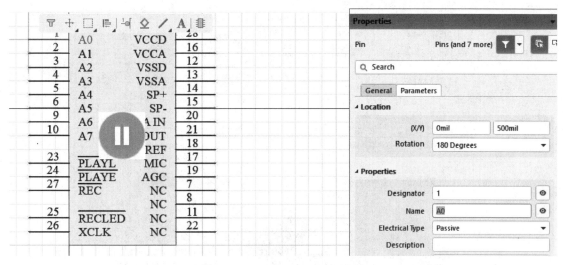

图 1-47　编辑元器件引脚属性

览器(图 1-48),选择 DIP-Peg Leads 库,加载 DIP-P28。DIP-Peg Leads 库一般在 PCB 的 Through hole 中。加载好封装的元器件如图 1-49 所示。设计者可以在如图 1-49 所示 PCB 模型中预览封装。加载封装后的模型面板如图 1-50 所示。

至此,ISD1420 元器件绘制完毕,最后保存文件。

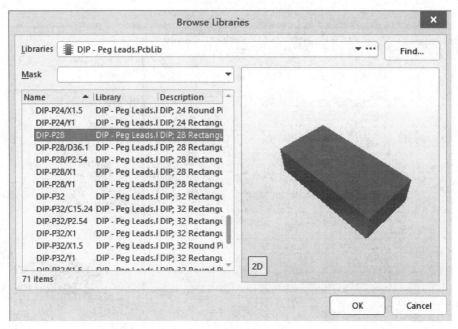

图 1-48　库浏览器

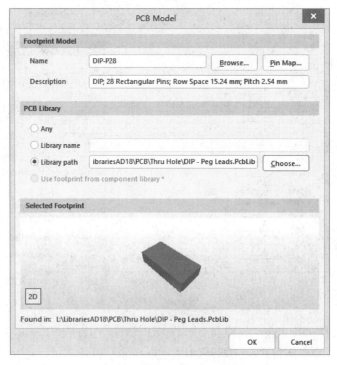

图 1-49　加载好封装的元器件

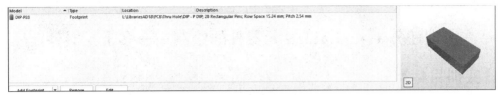

图 1-50 加载封装后的模型面板

【思考题】

（1）已放置在原理图中的元器件，如果不需要增加或减少引脚，只需要改变引脚编号或引脚名称，如何在不打开元件库的情况下，直接在原理图环境中编辑修改元器件？

（2）元器件符号模型的引脚名称和引脚编号到元器件边界的距离，可以在哪里进行修改？

（3）自制集成元器件时，常常要把电源引脚和地引脚隐藏，该引脚通过网络与其他电源和地连接，如何显示被隐藏引脚？

（4）芯片 CD4011 的作用是什么，封装是什么，你能查找到它的数据资料吗？

【能力进阶之实战演练】

（1）根据 NE555 芯片的 Datasheet，完成原理图元器件库的绘制，并编辑元器件属性，为其链接封装 DIP-8。NE555 芯片如图 1-51 所示。

（2）根据单片机 AT89C52 芯片的 Datasheet，完成原理图元器件库的绘制，并编辑元器件属性，为其链接封装 DIP-40。AT89C52 芯片示意图如图 1-52 所示。

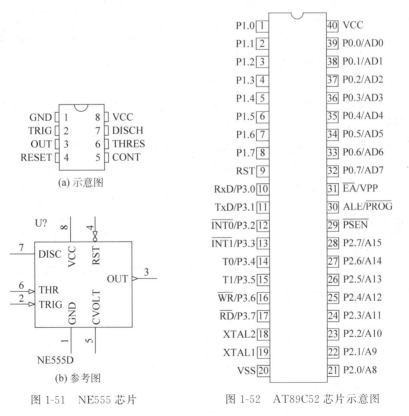

图 1-51 NE555 芯片

图 1-52 AT89C52 芯片示意图

任务 1-4
LM358 元器
件的绘制

实训任务 1-4　LM358 元器件的绘制——多子元器件

【实训目标】

（1）熟悉 DIP 封装库。

（2）了解多子元器件的概念。

（3）能绘制多子元器件符号。

（4）学会正确编辑元器件属性。

（5）能给多子元器件添加封装。

【课时安排】

2 课时。

【任务情景描述】

请绘制多子元器件 LM358 芯片元器件库。LM358 内部包含两个相同的运算放大器，是多子元器件，LM538 芯片示意图如图 1-53 所示。

多子元器件 LM358 芯片元件库设计要求如下。

（1）请根据 Datasheet 的信息，绘制原理图符号。

（2）编辑元器件属性如添加元器件标号为"U?"，命名为 LM358。

（3）加载元器件封装 DIP-8。

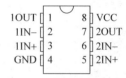

图 1-53　LM358 芯片示意图

【任务分析】

多子元器件具有多个功能完全相同的模块，如集成电路中的门电路系列、触发器系列，运算放大器系列。这些独立的功能模块共享同一元器件封装体，可用在电路的不同处，每一个功能模块都必须有一个独立的符号表示。对于这种含有多个功能模块的集成元器件，需要为每个功能模块绘制独立的与分立元器件类似的符号，而不必绘制其方块符号，各模块之间的符号通过一定方法建立相应的关联，形成一个整体。

【操作步骤】

1. 新建元器件

在实训任务 1-2 中已经新建了原理图元器件库文件项目 1. SchLib，所以此次直接在原理图元器件库文件中新建元器件 LM358。

2. 绘制元器件

（1）绘制一个子元器件。依然从工作区的基准点开始绘制，其具体操作步骤如下。

右击工具栏 图标，打开绘图选项，如图 1-54 所示。选取多边形绘制按钮 Polygon，选取多边形 Polygon 绘制按钮，绘制一个三角形。双击该三角形区域，在弹出的多边形属性对话框（图 1-55）中将三角形的边框线 Border 设为 Small（细），且取消勾选 Fill Color 复选框，即使三角形无填充色,如图 1-56 所示。

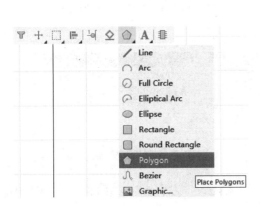

图 1-54 绘图工具栏多边形选项

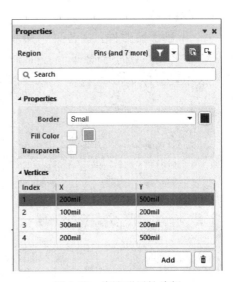

图 1-55 多边形属性编辑

选取"放置引脚" 按钮,依次放置 5 个引脚,如图 1-57 所示。其中,引脚 2 和 3 为输入脚,引脚 1 为输出脚。电源引脚是隐藏的引脚(引脚 4(GND)和 8(VCC)),这两个引脚对所有的功能模块都是共用的,因此只需放置一次即可。编辑电源引脚和地的引脚属性为 Power,输入脚的引脚属性为 Input,输出脚的引脚属性为 Output,其引脚属性如图 1-58 所示。

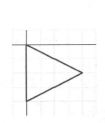

图 1-56 绘制三角形

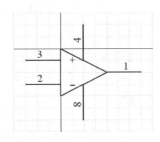

图 1-57 添加引脚

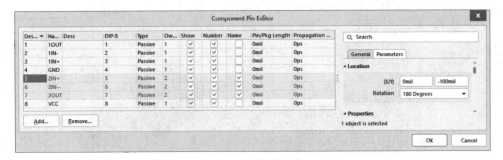

图 1-58 引脚属性

这样其中一个子元器件就绘制完成了。

(2) 复制子元器件。因为多子元器件中的各子元器件完全相同,所以其他子元器件不需要重复绘制,而只需对前面已经绘制好的一个子元器件进行复制就可以了,其具体操作步骤如下。

① 新建子元器件:执行菜单命令 Tools | New Part(图 1-59),或直接单击 Sch Lib Drawing 工具栏中的"新建子元器件"按钮 ▊ ,出现空白的工作区。此时 SCH Library 元器件列表中元器件 LM358 包含了 Part A 和 Part B 两个子元器件,如图 1-60 所示。

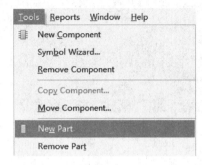

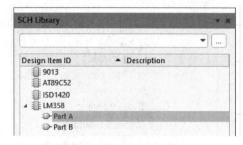

图 1-59　新建子元器件选项　　　　图 1-60　添加新子元器件后的 SCH Library 元器件列表

② 复制子元器件:选取并复制 Part A(除电源引脚),切换至 Part B 工作区,然后粘贴,并修改引脚号,如图 1-61 所示。

(3) 编辑元器件属性。打开"元器件属性"区域,单击 Properties 区域中 General 标签,在属性 Design Item ID 中,将元器件名修改为 LM358。在属性 Designator 中,修改默认元器件标号为"U?",Comment(注释)为 LM358。

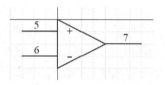

图 1-61　子元器件 Part B

3. 为元器件添加封装

根据厂商提供的说明文件,芯片 LM358 的封装是 DIP-8。为 LM358 添加的封装是 DIP-8,打开库浏览编辑器(图 1-62),单击 Find 按钮,打开图 1-63 所示对话框,在查找库对话框中输入正确的库路径,搜索 Name 为 DIP-8,并将其加载(图 1-64)。预览封装如图 1-65 所示,至此,LM358 元器件绘制完毕,最后保存文件。

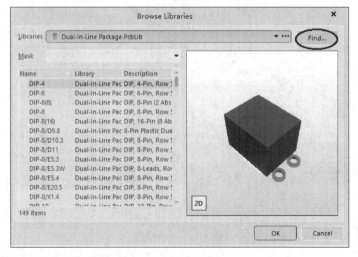

图 1-62　库浏览编辑器

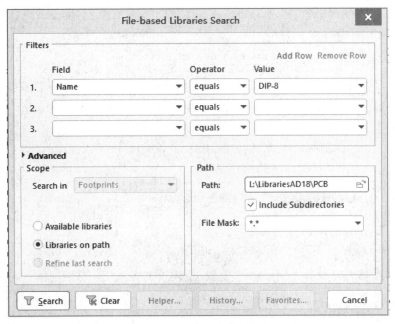

图 1-63　填写封装名和路径

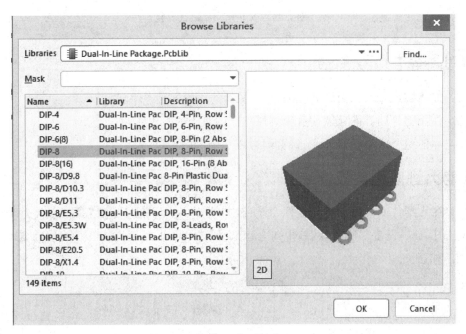

图 1-64　找到封装

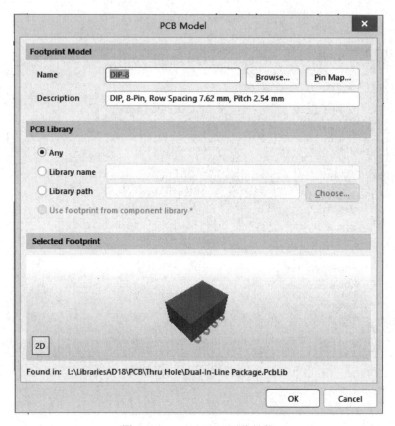

图 1-65　PCB Model 预览封装

【思考题】

（1）你能尝试着改变引脚名称的方向吗？

（2）你能把绘制好的元器件放置到原理图图纸上吗？试一试。

（3）你能整合两个元器件库，将它们合成一个库吗？试一试。

【能力进阶之实战演练】

（1）在元器件库中添加新元器件，并绘制如图 1-66 所示的 JK 触发器，命名为 CFQ，添加封装 DIP-14。设置引脚属性，其中 4 号引脚为 GND，11 号引脚为 VCC，均隐藏，引脚属性如图 1-67 所示。

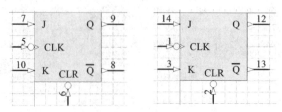

图 1-66　JK 触发器

Component Pin Editor

Design...	Name	Desc	CDFP-G14/C9	SNJ5473W	Type	Owner	Show	Number	Name
1	CLK		1	1	Input	1	✓	✓	✓
2	CLR		2	2	Input	1	✓	✓	☐
3	K		3	3	Input	1	✓	✓	✓
4	VCC		4	4	Power	0	☐	✓	✓
5	CLK		5	5	Input	2	✓	✓	✓
6	CLR		6	6	Input	2	✓	✓	☐
7	J		7	7	Input	2	✓	✓	✓
8	Q\		8	8	Output	2	✓	✓	✓
9	Q		9	9	Output	2	✓	✓	✓
10	K		10	10	Input	2	✓	✓	✓
11	GND		11	11	Power	0	☐	✓	✓
12	Q		12	12	Output	1	✓	✓	✓
13	Q\		13	13	Output	1	✓	✓	✓
14	J		14	14	Input	1	✓	✓	✓

Add... Remove... Edit...

Import FPGA Pin Data...   OK   Cancel

图 1-67 触发器引脚属性

（2）在元器件库中添加新元器件，并绘制多子元器件 74LS04，该元器件具有 6 个功能相同的反向器，其子元器件如图 1-68 所示，添加封装 DIP14。设置引脚属性，其中 7 号引脚为 GND，14 号引脚为 VCC，均隐藏，反向器引脚属性如图 1-69 所示。

图 1-68 反向器原理图符号

Component Pin Editor

Design...	Name	Desc	SO-G14/G3.3	SN74F04	SN74F04D	Type	Owner	Show	Number	Name
1	A		1	3	1	Input	1	✓	✓	☐
2	Y		2	4	2	Output	1	✓	✓	☐
3	A		3	3	3	Input	2	✓	✓	☐
4	Y		4	4	4	Output	2	✓	✓	☐
5	A		5	3	5	Input	3	✓	✓	☐
6	Y		6	4	6	Output	3	✓	✓	☐
7	GND		7	2	7	Power	0	☐	✓	☐
8	Y		8	4	8	Output	4	✓	✓	☐
9	A		9	3	9	Input	4	✓	✓	☐
10	Y		10	4	10	Output	5	✓	✓	☐
11	A		11	3	11	Input	5	✓	✓	☐
12	Y		12	4	12	Output	6	✓	✓	☐
13	A		13	3	13	Input	6	✓	✓	☐
14	VCC		14	1	14	Power	0	☐	✓	☐

Add... Remove... Edit...

Import FPGA Pin Data...   OK   Cancel

图 1-69 反向器引脚属性

任务 1-5
发光二极管
封装的制作

实训任务 1-5　发光二极管封装的制作——利用向导设计

元器件封装是指实际电子元器件或者集成电路的外观尺寸,例如元器件引脚的分布、直径以及引脚之间的距离等,它是使元器件引脚和印制电路板上的焊盘保持一致的重要保证,所以元器件封装只是元器件的外形和引脚分布结构图。

PCB 设计过程中的元器件和原理图设计过程中的元器件是两个不同的概念,原理图中的元器件只是为了说明元器件的电气性能,其外形尺寸是无关紧要的。但是 PCB 设计过程中的元器件是指元器件封装,它的意义是代表实际元器件的外形尺寸结构。同一个元器件可能会有不同的封装形式,不同的元器件也可能封装形式相同。元器件封装根据焊接形式不同可分为两类,一类是引脚式元器件封装,另一类是贴片式元器件封装。

引脚式元器件封装一般是针对引脚类元器件而言的。具有引脚式元器件封装的元器件在进行焊接时,首先要将元器件的引脚通过焊盘过孔从顶层直通过底层,然后再进行焊接操作。贴片式元器件封装一般是针对表面贴片元器件而言的。贴片元器件具有组装密度高、电子产品体积小、重量轻等特点,体积和重量只有传统引脚式元器件的 1/10 左右。在进行焊接时,要求其焊盘只能分布在电路板的顶层或者底层。

【实训目标】

(1) 能创建和保存一个新的元器件封装库文件。

(2) 能利用向导绘制元器件封装。

(3) 能放置封装到 PCB 图纸上。

(4) 把封装链接到元器件上。

【课时安排】

2 课时。

【任务情景描述】

请使用设计向导绘制发光二极管的封装,实际元器件如图 1-70 所示。

发光二极管引脚式封装设计要求如下。

(1) 焊盘设计为圆形,直径为 1.2mm,hole 尺寸为 0.7mm,相邻焊盘中心间距为 3mm,1 号焊盘标正号。

(2) 元器件封装外框为圆形,半径 0.2mm。

(3) 封装名为 LED。

发光二极管引脚式封装如图 1-71 所示。

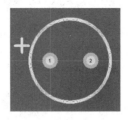

图 1-70　元器件发光二极管示意图　　　　图 1-71　发光二极管引脚式封装图

【任务分析】

元器件封装的制作方法有很多种,Altium Designer 21 提供了向导绘制封装。封装向导有多种封装,根据需要选择不同型号、尺寸,可以大大缩短设计时间。这就是本任务要介绍的制作元器件封装的第一种方法。

【操作步骤】

1. 创建元器件封装库文件

在绘制新的封装之前,应先创建一个新的元器件封装库文件。封装库可以由多个元器件封装构成,这些封装可被单独选取。创建封装库文件的具体操作步骤如下。

(1) 新建:执行菜单命令 File | New | Library | PCB Library(图 1-72),或在 Projects面板上右击 PCB_Project. PrjPcb,在弹出的快捷菜单中选择 Add New to Project | PCB Library(图 1-73),从而启动 PCB 库编辑器,并自动创建名为 Pcblib1. PcbLib 的封装库文件,其中,. PcbLib 是 Altium Designer 21 中原理图元器件库文件的后缀名。

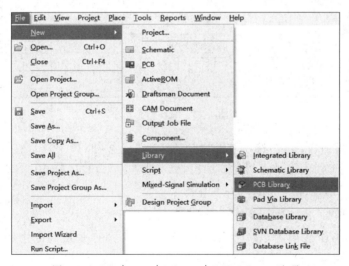

图 1-72　File | New | Library | PCB Library 选项

(2) 保存:执行菜单命令 File | Save,或在右键快捷菜单中选择 Save,弹出如图 1-74 所示的 Save 对话框,将文件名修改为 MYPCBLIB. PcbLib。系统默认的保存路径与该文件所在工程文件相同。

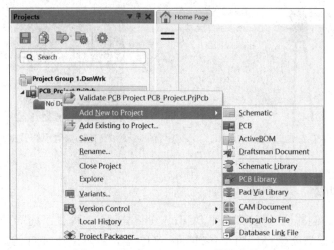

图 1-73　新建 PCB Library 快捷菜单

图 1-74　Save 对话框

（3）打开管理面板：单击选项卡中的 PCB Library 按钮（图 1-75），打开如图 1-76 所示的 PCB Library 管理面板，该元器件库中已自动创建名为 PCBCOMPONENT_1 的元器件封装，该面板用于创建、调整和管理封装库。

2. 绘制封装

绘制封装的工作区如图 1-77 所示，其中十字交叉圆点是绘制的中心位置，其坐标为 (0,0)，显示于左下角。在绘制的过程中，可能由于移动而找不到中心点。此时，可执行菜单命令 Edit | Jump | Reference，会自动移到中心点。

下面是利用设计向导绘制发光二极管封装的具体操作步骤。

（1）新建元器件：执行菜单命令 Tools | Footprints Wizard（图 1-78），弹出如图 1-79 所示的向导对话框。然后单击 Next> 按钮，弹出如图 1-80 所示的元器件封装类型对话框。

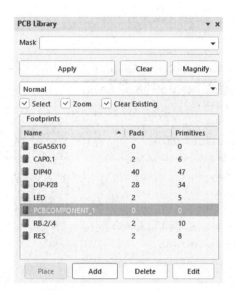

图 1-76   PCB Library 管理面板

图 1-75   选项卡

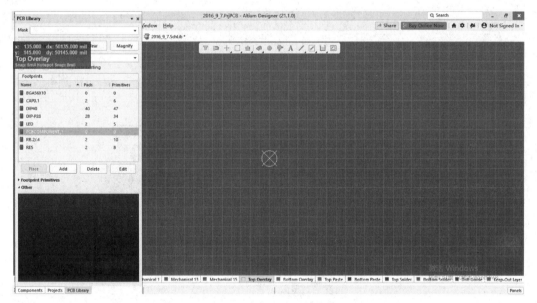

图 1-77   元器件封装库工作区

(2) 设置封装类型:在图 1-80 中选择 Capacitors,说明该封装类型为电容式。再设定封装结构尺寸的单位为公制,即选择 Metric(mm)。然后单击 Next > 按钮,弹出如图 1-81 所示的元器件封装类型对话框。

(3) 设置封装类型:在图 1-81 中选择 Through Hole,说明该封装类型为引脚式。然后单击 Next > 按钮,弹出如图 1-82 所示的焊盘尺寸设置对话框。

(4) 设置焊盘尺寸:在图 1-82 中选用默认值,即焊盘过孔的直径为 0.7mm,焊盘的直径为 1.2mm。然后单击 Next > 按钮,弹出如图 1-83 所示的焊盘间距设置对话框。

图 1-78 Tools │ Footprints Wizard 选项

图 1-79 元器件封装制作向导的欢迎界面

图 1-80 元器件封装类型对话框 1

（5）设置焊盘间距：在图 1-83 中将焊盘间距改为 3mm。然后单击 [Next >] 按钮，弹出如图 1-84 所示的封装外形设置对话框。

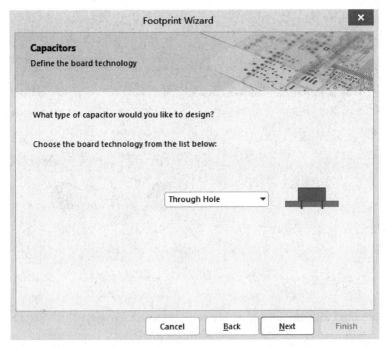

图 1-81 元器件封装类型对话框 2

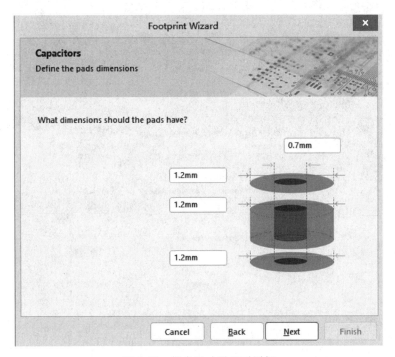

图 1-82 焊盘尺寸设置对话框

（6）设置封装外形：在图 1-84 中选择 Polarised，说明该封装是有极性。设定其外形为径向，即选择 Radial。再设定其轮廓为圆形，即选择 Circle。然后单击 Next> 按钮，弹出如

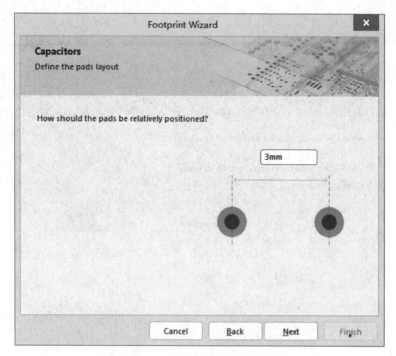

图 1-83　焊盘间距设置对话框

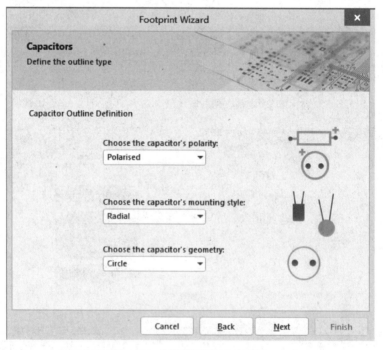

图 1-84　封装外形设置对话框

图 1-85 所示外观轮廓设置对话框。

（7）设置外观轮廓：在图 1-85 中将半径改为 3mm，轮廓线宽度选用默认值。然后单击 Next> 按钮，弹出如图 1-86 所示的元器件名称设置对话框。

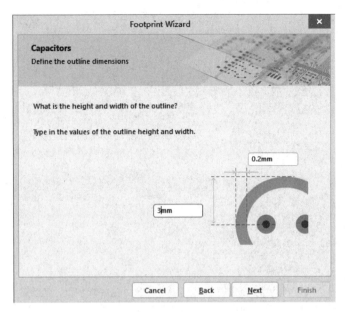

图 1-85 外观轮廓设置对话框

（8）设置元器件名称：在图 1-86 中输入 LED。然后单击 Next> 按钮，弹出如图 1-87 所示的对话框，最后单击 Next> 按钮完成元器件封装的制作。

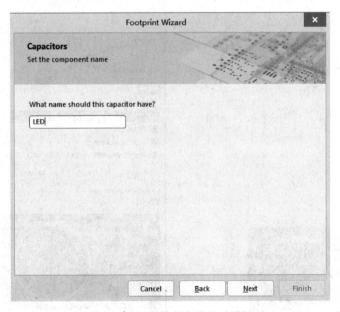

图 1-86 元器件名称设置对话框

根据原理图中的元器件符号 1 号引脚为正，适当调整极性符号"＋"的位置。这样发光二极管的封装 LED 就制作完成了，如图 1-88 所示。也可在 PCB Library 管理面板中看到该封装相应的属性及预览，如图 1-89 所示。

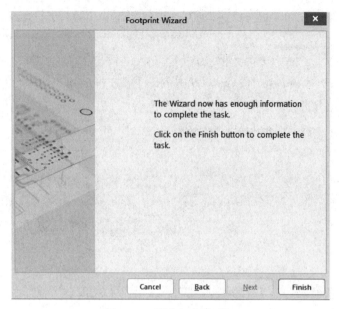

图 1-87　设计完成对话框

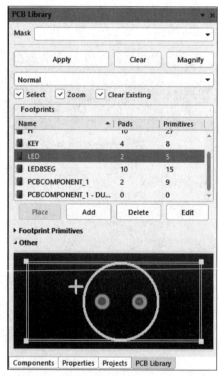

图 1-88　制作完毕的发光二极管封装　　图 1-89　添加封装后的 PCB Library 管理面板

【思考题】

（1）普通的元器件封装有几大类，它们的区别主要体现在哪儿？

（2）引脚式封装的焊盘可以放在任一层吗？贴片式封装的焊盘有穿孔吗，需要设置在哪一层，通孔孔径如何设置？

【能力进阶之实战演练】

创建一个元器件封装库，并利用设计向导绘制封装DIP-8，左右焊盘距离 300mil①，上下焊盘距离 100mil，如图 1-90 所示。

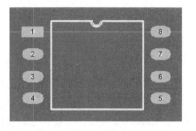

图 1-90　封装 DIP-8 示意图

任务 1-6
数码管封装
的制作

实训任务 1-6　数码管封装的制作——修改现有元器件封装

【实训目标】

（1）掌握查找元器件封装库的方法。
（2）掌握复制并粘贴现有封装到新的封装库中的方法。
（3）掌握修改封装的方法。
（4）掌握修改元器件名称的方法。

【课时安排】

2 课时。

【任务情景描述】

绘制如图 1-91 所示 0.5 英寸②数码管引脚式封装。

数码管引脚式封装设计要求如下。

（1）焊盘设计为圆形，直径为 1.5mm，hole 尺寸为 0.9mm，左右焊盘中心间距为 100mil，上下焊盘中心间距为 600mil。

（2）元器件封装外框尺寸为 0.2mm，方形。

（3）封装名为 LED8SEG。

数码管封装如图 1-92 所示。

图 1-91　数码管产品图

图 1-92　数码管封装图

---

① mil（密耳），1mil＝1/1000 英寸。——编辑注

② 1 英寸（inch）＝25.4 毫米（mm）。——编辑注

【任务分析】

由于 Altium Designer 21 常用库 Miscellaneous Devices. Intlib 中数码管封装 H 的焊盘号与实际的 0.5 英寸数码管的引脚号不一一对应,所以需要在此基础上进行修改,从而得到与实际元器件相符的封装。在设计过程中经常会碰到这样的情况,所需的元器件封装在 Altium Designer 21 已有封装库中找不到完全合适的,却能找到相似的。此时,可将这个相似封装稍作修改即可使用,而不用再去重新制作。这就是本任务将要介绍的制作元器件封装的第二种方法,即利用现有元器件封装绘制封装。

【操作步骤】

1. 复制原封装

在实训任务 1-5 中已经新建了元器件封装库文件 MYPCBLIB. PcbLib,所以若再新建元器件,都可在已有元器件封装库中添加。H 封装的尺寸大小和间距均满足该数码管的设计要求。现将原数码管 H 封装加载到该库中,其具体操作步骤如下。

(1)原封装:Altium Designer 21 中的元器件封装库都存于 Library 文件夹中。执行菜单命令 File | Open,打开 H 封装所在的封装库文件 Miscellaneous Devices,弹出对话框,单击 Extract Sources 按钮(图 1-93),从该库 PCB Library 管理面板的元器件列表中找到 H 封装,打开 H 封装(图 1-94)。右击该文件名弹出快捷菜单(图 1-95(a))选择 Copy 命令,即复制该元器件。

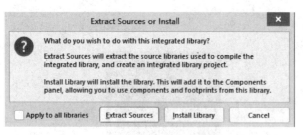

图 1-93 Extract Sources 按钮

图 1-94 H 封装

(2)粘贴原封装至封装库:切换回 MYPCBLIB. PcbLib 的 PCB Library 管理面板,右击弹出快捷菜单(图 1-95(b)),选择 Paste 1 Components 命令,即将 H 封装加载到 MYPCBLIB. PcbLib 中,如图 1-96 所示。双击该文件名,即可在工作区中显示 H 封装,如图 1-96 所示。

2. 修改封装

绘制元器件封装的工具主要来自 PcbLib Placement 工具栏,如图 1-97 所示,其具体操作步骤如下。

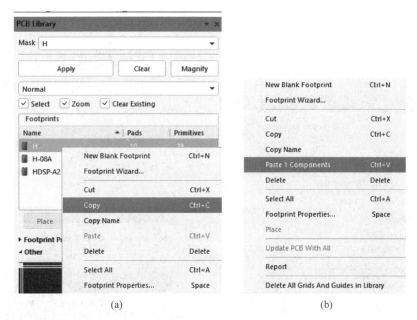

(a)   (b)

图 1-95 右键快捷菜单

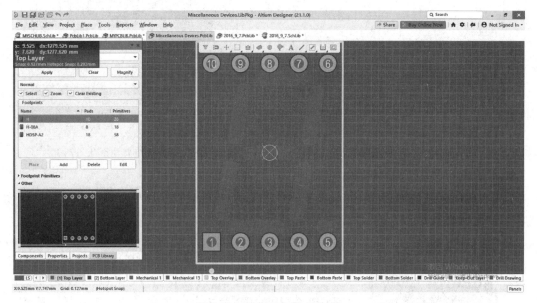

图 1-96 工作区加载 H 封装

T ⊃ ⊹ ▢ ⊞ ◈ ◉ ⬡ A ╱ ▱ ⬚ ▣

图 1-97 PcbLib Placement 工具栏

(1) 修改焊盘号：按照数码管原理图符号(依据型号参见 Datasheet)与封装的引脚对应关系修改焊盘号，此处 0.5mil 数码管从上到下从左到右的顺序依次为 7、6、10、1、2；5、4、9、3、8。直接双击焊盘号打开焊盘属性对话框(图 1-98)，设置 Properties 区域中 Designator 为 7，并依次修改其余 9 个。选择其中方形的焊盘,双击打开其属性框,将 Simple 区域中 Shape (形状)改为 Round,如图 1-99 所示。

(2) 修改外框:删除 H 封装左下角小圆点,删除紫色的 8 字图形,保留紫色的 3D 模型,使元器件显得干净整洁。

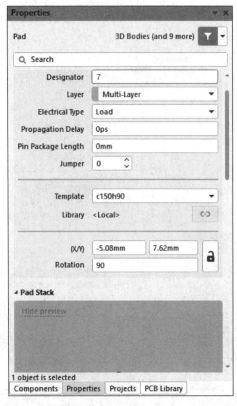

图 1-98　焊盘属性对话框

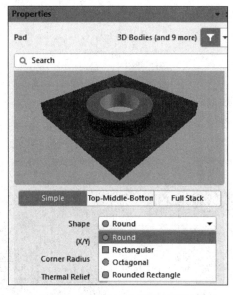

图 1-99　焊盘属性形状对话框

图 1-100　制作完毕的数码管封装

这样数码管封装就制作完成了,如图 1-100 所示。

3. 修改元器件名称

由于是复制的元器件,所以数码管的封装名称为 H,为了容易辨识,所以需要更名。同样,在元器件封装中新建封装时,系统一般以默认的 PCBCOMPONENT_1、PCBCOMPONENT_2 等命名元器件。随着封装库中元器件的增加,如果仅仅以系统默认的元器件名称,则不容易分辨每个元器件名所对应的具体封装形式,所以为每个元器件规范命名极为重要。其操作步骤如下。

直接双击或右击原文件名 H,选择 Footprint Properties,或者在 PCB Library 面板上选择 Edit 按钮,弹出如图 1-101 所示的元器件重命名对话框,将元器件名修改为 LED8SEG。

图 1-101　元器件重命名对话框

【思考题】

（1）电容分为有极性电容和无极性电容，两者的封装有什么区别，在绘制时要注意什么？

（2）Project 是什么意思，在 Altium Designer 软件里有什么作用？

【能力进阶之实战演练】

（1）找到实际产品排阻，依据现有单排插针的封装，绘制排阻的封装。

（2）找到实际产品电位器，依据现有电位器的封装，绘制封装。

实训任务 1-7　按键封装的制作——手工绘制封装

任务 1-7
按键封装
的制作

【实训目标】

（1）了解各个工作板层的用法。

（2）掌握放置焊盘、修改焊盘尺寸、修改焊盘号的方法。

（3）掌握绘制封装外框的方法。

【课时安排】

2 课时。

【任务情景描述】

请绘制按键封装，实际元器件如图 1-102 所示。

按键引脚式封装设计要求如下。

（1）焊盘设计为圆形，直径为 2.7mm，hole 尺寸为 1.2mm，左右焊盘中心间距为 12mm，上、下焊盘中心间距为 5mm。

（2）元器件封装外框尺寸为 0.254mm，方形。

（3）封装名为 KEY。

按键封装参考图如图 1-103 所示。

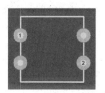

图 1-102　元器件按键示意图　　　　图 1-103　按键封装图

【任务分析】

在设计过程中,有时候所需的元器件封装在 Altium Designer 21 已有封装库中找不到合适的。此时,需要根据元器件的实际尺寸制作需要的封装形式。这就是本任务将要介绍的制作元器件封装的第三种方法,即手工绘制封装。需要注意的是,在制作元器件封装的过程中,元器件引脚焊盘的尺寸、形状、高度及它们之间的相对距离非常重要,如果弄错这些参数制作的封装将无法使用。因此,在焊盘属性设置对话框中的各个属性设置栏中应该输入非常精确的数值才行。关于元器件的具体参数,设计者可参见该元器件厂商提供的元器件说明文件,或者精确测量该元器件的各个参数尺寸。

【操作步骤】

1. 在元器件封装库中添加新元器件

之前新建元器件封装库文件 MYPCBLIB. PcbLib 时,自动创建了名为 PCBCOMPONENT_1 的封装,可双击该文件名进入工作区,或直接在该库中新建元器件。在封装库中添加新元器件有以下两种方法。

方法一:执行菜单命令 Tools | New Blank Footprint。

方法二:右击 PCB Library 管理面板 Footprints 区域,在弹出的快捷菜单中选择 New Blank Footprint(图 1-104)。

此时 PCB Library 管理面板的元器件列表中添加了名为 PCBCOMPONENT_1 的元器件。

图 1-104　右键快捷菜单

2. 绘制封装

依然从工作区的基准点开始绘制,具体操作步骤如下。

(1) 绘制边框线:将设计工作层切换到 Top Overlay,从 PCB Lib Placement 工具栏中选取直线绘制按钮 ✏,绘制一个边长为 12mm 的正方形。可以利用 J+L 跳转指令进行定位。在打开的 PCB Library 文件中,选择 Topover Layer(丝印层)。设计者可利用坐标关系绘制正方形外框。

在输入法英文状态下,按 Q 键可用来切换度量单位,即在公制(mm)与英制(mil)之间来回切换,可查看左下角示意单位的变化。绘制外框五步法如下。

① 切换到英文输入状态。

② 按 Q 键切换公制(mm)状态。

③ 切换板层 Top Overlay。

④ 执行菜单命令之画线命令 Place | Line。

⑤ 定位:按住 J+L 快捷键,系统弹出 Jump To Location 对话框,如图 1-105 所示。在图 1-105 中输入第一个坐标点(0,0);紧接着输入第二个坐标点(12,0);跟着输入第三个坐标点(12,12);输入第四个坐标点(0,12);最后回到最初原点(0,0)。这样就绘制出一个 12mm×12mm 的板框,如图 1-106 所示。

(2) 放置焊盘:将设计工作层切换到 Top Layer,选取焊盘放置按钮 ⊙,在离顶边

图 1-105 跳转位置对话框

2.5mm 的左边框线上放置第一个焊盘。可以定左顶点的坐标为相对坐标(0,0),再设置焊盘坐标为(0,−2.5)。根据该元器件的对称性,绘制其余 3 个焊盘,如图 1-107 所示。

图 1-106 绘制正方形边框

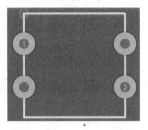

图 1-107 放置焊盘

(3) 修改焊盘尺寸:由于按键的引脚较粗,所以需要修改原有的焊盘默认属性,包括焊盘与孔径大小。双击焊盘打开属性对话框(图 1-108),将 Hole Size(孔径)改为 1.2mm,Simple 选项中 X-Size(焊盘的横向直径)和 Y-Size(焊盘的纵向直径)分别改为 2.7mm。

(4) 修改焊盘号:虽然按键有 4 个引脚,但内部是两两连通的,且其原理图符号也只有两个引脚,所以只需设置 2 个焊盘号,另外 2 个空缺。

(5) 重命名:将元器件名改为 KEY,这样键盘封装就制作完成了,如图 1-109 所示。

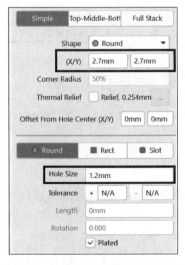

图 1-108 属性对话框修改形状和尺寸

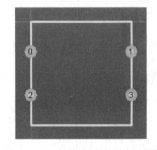

图 1-109 制作完成的按键封装

在绘制过程中,勤用快捷键能帮助绘制过程更加简便。G 键可用来调节移动单位,包括公制与英制,如图 1-110 所示。如在绘制边框线时选择 0.100mm,可帮助精确测量尺寸。

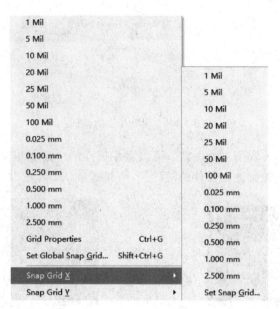

图 1-110　G 键快捷键

表 1-1 为常用的快捷键,熟练地使用这些快捷键,可以提高操作速度。这些快捷键是在英文输入状态下使用的。

表 1-1　常用的快捷键

快　捷　键	功　　能
Space(空格键)	90°翻转
X	左右水平对调
Y	上、下垂直对调
Q	公/英制切换
G	调节移动单位

【思考题】

(1) 简述手工绘制封装要测量元器件的参数。

(2) 元器件封装 DIP 的含义是什么?

【能力进阶之实战演练】

(1) 找到实际元器件蜂鸣器,依据厂商提供的 Datasheet 文件,或通过仔细测量实际元器件,绘制原理图元器件库和封装库。

(2) 找到实际元器件保险丝底座(用于 5mm×20mm 玻璃保险丝的 0.2A 保险丝底座),依据厂商提供的 Datashee 文件,或通过仔细测量实际元器件,绘制原理图元器件库和封装库。

(3) 找到实际元器件三端稳压电源 L7805,依据厂商提供的 Datasheet 文件,或通过仔细测量实际元器件,如图 1-111 所示,绘制原理图元器件库和封装库。

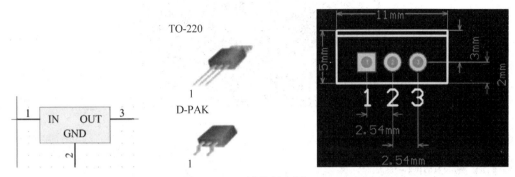

图 1-111　三端稳压电源 L7805

实训任务 1-8　电阻 0402 封装的制作——绘制贴片封装

随着电子产品不断地向小型化发展,电路板的复杂程度越来越高,而面积却越来越小,因此电路板的元器件密度就要不断提高。在这种情况下,设计者经常会用到贴片封装。此时,设计者需要根据元器件的实际尺寸制作所需要的贴片封装形式,这就是本任务将要介绍的内容。

【实训目标】

(1) 了解各个工作板层的用法。

(2) 掌握放置焊盘、修改焊盘尺寸、修改焊盘号的方法。

(3) 掌握修改封装绘制边框线的方法。

【课时安排】

2 课时。

【任务情景描述】

请绘制实际的贴片电阻,贴片电阻实物如图 1-112 所示。

电阻贴片式封装设计要求如下。

(1) 焊盘设计成方形,在 Top Layer 层绘制,焊盘尺寸为 0.48mm×0.55mm,焊盘间距为 0.88mm。

(2) 丝印层外框距离焊盘不小于 0.2mm,封装外框尺寸为 5mil,方形。

图 1-112　贴片电阻实物图

(3) 封装名为 0402。

贴片电阻 0402 的封装示意如图 1-113 所示。

图 1-113　贴片电阻 0402 的封装示意图

【任务分析】

　　贴片封装又称为表面贴装元器件,有表面贴装元件(SMC)和表面贴装器件(SMD)。表面贴装元器件规格繁多,结构各异,生产厂家也很多。实现同样功能的元器件,其封装形式可能多种多样;而对于某一给定的封装类型,其规格尺寸也存在一定的差异。自行设计焊盘时,对称使用的焊盘(如片状电阻、电容、SOIC、QFP 等)在设计时应严格保持其全面的对称性,即焊盘图形的形状尺寸应完全一致,以及图形所处的位置应完全对称。

　　绘制封装需参考零件的规格即零件的外形尺寸。表面贴装技术(SMT)发展至今,业界为方便作业,已经形成了一个标准零件系列,各家零件供货商皆是按这一标准制造。标准零件的尺寸规格有英制与公制两种表示方法,如表 1-2 所示。

表 1-2　几种贴片封装的尺寸

英制表示法	公制表示法	外形尺寸含义
1206	3216	L:1.2inch(2.2mm),W:0.6inch(1.6mm)
0805	2125	L:0.8inch(2.0mm),W:0.5inch(1.25mm)
0603	1608	L:0.6inch(1.6mm),W:0.3inch(0.8mm)
0402	1005	L:0.4inch(1.0mm),W:0.2inch(0.5mm)

【操作步骤】

1. 在元器件封装库中添加新元器件

　　之前新建元器件封装库文件 MYPCBLIB.PcbLib 时,自动创建了名为 PCBCOMPONENT_1 的封装,可双击该文件名进入工作区。执行菜单命令 Tools | New Blank Footprint,添加新的封装,默认为 PCBCOMPONENT_1,给新元器件重新命名为 0402。

2. 绘制封装

　　绘制封装时,应尽量使其集中在图纸原点处,这样拖动封装时就可以随意控制了。Q 键切换使绘图在公制环境下。贴片电阻封装的具体操作步骤如下。

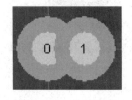

图 1-114　放置焊盘

　　(1) 放置焊盘:选取"焊盘放置" ◉ 按钮,按下 J+L 快捷键,把焊盘放置在原点(0,0)处。在坐标(0.88,0)处放置第二个焊盘,如图 1-114 所示。

　　(2) 修改焊盘板层:由于 SMT 焊盘都采用顶层,所以需要修改原有的焊盘默认属性,双击焊盘 0,弹出如图 1-115 所示的焊盘属性对话框,在属性对话框中的 Layer 层次中选择 Top Layer,用同样的方法修改焊盘1的层。焊盘即变成红色的顶层,焊盘变成顶层后,hole 自动为 0。

(3) 修改焊盘尺寸:根据 0402 封装的实际大小修改焊盘与孔径大小。双击焊盘,打开属性对话框,Simple 区域中 X-Size(焊盘的横向直径)和 Y-Size(焊盘的纵向直径)分别改为0.48mm 和 0.55mm;把 Shape(焊盘形状)改为 Rectangle,如图 1-115 所示。

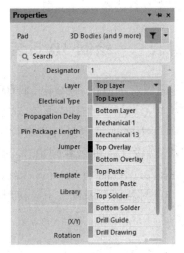

图 1-115 修改焊盘属性

(4) 修改焊盘号:双击焊盘1,在属性对话框中将其修改为2;双击焊盘0,在属性对话框中将其修改为1,如图 1-116 所示。

图 1-116 修改焊盘号

(5) 绘制边框线:将设计工作层切换到 Top Overlay,从 PCB Lib Placement 工具栏中选取直线绘制按钮 ,在距离焊盘 0.2mm 处绘制长方形外框,如图 1-117 所示。

图 1-117 绘制边框线

【思考题】

(1) SMT 和 SMD 分别是什么意思?

(2) 1206、0806、0603、0402 分别代表什么含义?

(3) 测量尺寸的快捷键或菜单指令是哪一条?

【能力进阶之实战演练】

(1) 依据厂商提供的 Datasheet 文件,绘制 1206 SMD 电阻原理图元器件库和封装库。

(2) 请根据 FP6291 的资料页,画出它的元件库及封装库,并链接好封装。

任务 1-9
电阻 3D 封
装的绘制

实训任务 1-9　电阻 3D 封装——绘制 3D 封装

由于电子整机和系统在航空、航天、计算机等领域对小型化、轻型化、薄型化等高密度组装要求的不断提高,所以对于有限的面积,电子组装必然在二维组装的基础上向 z 方向发展,这就是三维(3D)封装技术,这是今后相当长时间内实现系统组装的有效手段。Altium Designer 21 的 3D 封装功能很强大,有了 3D 的功能,设计者可以看到 PCB 的装配关系,以免在空间上出现偏差。虽然设计者不一定都掌握了 3D 软件,如 Solidworks、UG、ProE 等,但在 Altium Designer 21 中绘制 PCB 封装,插入 3D 封装模型即可。不会使用 3D 软件的设计者可以从网上下载现有 STEP 文件。

【实训目标】

(1) 掌握下载 3D 模型 STEP 文件的正确方法。
(2) 掌握给封装加载 3D 模型的方法。
(3) 掌握 3D 封装显示及转动的方法。

【课时安排】

2 课时。

【任务情景描述】

绘制电阻的 3D 封装。

电阻插针式 3D 封装设计要求:电阻封装 AXIAL-0.3,增加 3D 模型,封装名为 AXIAL3D。

【任务分析】

Altium Designer 21 库中已有 AXIAL-0.3 封装,只需为封装增加 3D 模型即可。

【操作步骤】

1. 绘制 2D 电阻封装

绘制或复制 2D 电阻封装 AXIAL-0.3,如图 1-118 所示。

2. 放置 3D 模型

执行菜单命令 Place | 3D Body(图 1-119),或者在

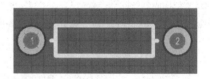

图 1-118　2D 电阻封装 AXIAL-0.3

属性对话框(图 1-120)中选择合适的路径,选择后缀名为.STEP 的文件,打开,如图 1-121
所示。把紫色 3D 模型放置在 2D 电阻封装上,如图 1-122 所示。

图 1-119　Place | 3D Body 菜单

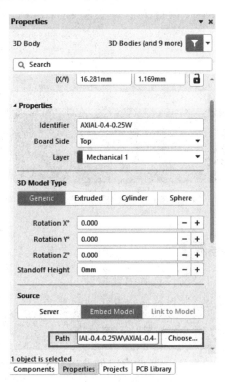

图 1-120　Place | 3D Body 属性设置

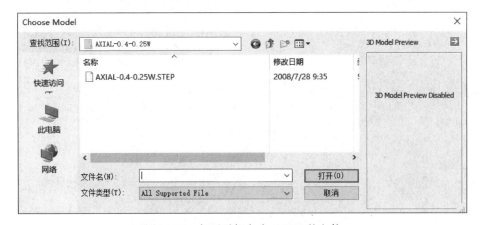

图 1-121　打开后缀名为.STEP 的文件

图 1-122　放置 3D Body

执行菜单命令 View｜3D Layout Mode 或者按数字 3 键,可以 3D 显示(图 1-123)。调整 3D 模型位置,按 Shift+右键可以 360°旋转查看 3D 封装(图 1-124),以确保电阻引脚插入焊盘正中心。执行菜单命令 View｜2D Layout Mode 或者按数字 2 键,即可返回 2D 模式。

图 1-123　3D 显示

图 1-124　3D 封装旋转

【思考题】

(1) STEP 文件在哪里获取?

(2) 简述 3D 封装显示及转动的方法。

【能力进阶之实战演练】

(1) 下载实际元器件排阻的 STEP 文件,绘制 3D 排阻的封装。

(2) 下载实际元器件数码管的 STEP 文件,绘制 3D 数码管的封装。

项目2

原理图设计

电路原理图设计是设计者用来表达电路的设计思想,是进行电子产品生产、管理和技术交流的重要工具。电路原理图设计是电路设计的基础,只有在设计好原理图的基础上才可以进行印制电路板的设计和电路仿真等。原理图的设计任务是将电路设计人员的设计思路用规范的电路语言描述出来,为印制电路板提供元器件封装和网络表连接。一张正确、清晰、美观的电路原理图是整个印制电路板设计的基础和灵魂。本项目从 6 个任务入手,深入浅出、循序渐进地讲述了工程项目的建立、元器件库的使用、布线工具的使用、绘图工具的使用、原理图编辑、工程项目的编译和查错、各类报表的使用,这些内容对完成原理图的绘制非常重要。通过本项目的学习,可以掌握电路原理图设计的过程和技巧,学会设计电路原理图、编辑修改电路原理图、绘制层次原理图、生成各类报表文件等。电路原理图的设计质量将直接影响到后面的工作。首先是正确性,因为在一个错误的基础上所做的任何工作都是没有意义的;其次是布局合理;最后是美观。元器件是原理图的基本组件,掌握它的使用方法是绘制原理图的基础。布线工具则是将元器件紧密联系在一起,使各个元器件之间具有电气意义上的连接。原理图编辑能够使原理图锦上添花,使原理图更加美观和便于视图。工程项目的编译和查错可以用来检查设计者所设计的电路原理图是否符合电气规则。报表文件可以为电路的后续制板提供帮助以及满足其他工作需要。

【项目目标】

(1) 能绘制简单原理图。
(2) 能绘制复杂原理图。
(3) 能绘制层次原理图。
(4) 能生成各种报表文件。

实训任务 2-1　自激振荡电路原理图绘制——基本元器件库

【实训目标】

(1) 学习在常用库里查找基本元器件电阻、电容、三极管、两头接插件。
(2) 学习两个基本元器件库 Miscellaneous Devices. IntLib 和 Miscellaneous Connectors.

任务 2-1
自激振荡
电路原理
图绘制

IntLib。

(3) 掌握基本元器件库的使用,学习查找和放置元器件。

(4) 掌握使用布线工具,完成简单原理图的绘制。

【课时安排】

2 课时。

【任务情景描述】

自激振荡器原理图(图 2-1)绘制设计要求如下。

(1) 放置所有的元器件,摆放位置和样图一致。

(2) 采用导线连接元器件。

(3) 对元器件进行标号、填写参数值。

(4) 添加电源和地网络。

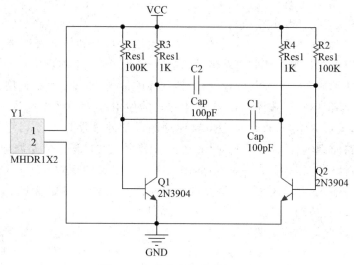

图 2-1　自激多谐振荡器原理图

【任务分析】

设计者将从最简单的电路原理图开始,学习原理图的绘制。自激多谐振荡器用了两个 2N3904 晶体管完成自激多谐振荡。电路中所用到的元器件如电阻、电容、三极管、两头接插件都在基本元器件库(Miscellaneous Devices. IntLib 和 Miscellaneous Connectors. IntLib)中。

【操作步骤】

1. 新建印制电路板工程和原理图文件

本任务将以建立印制电路板工程项目和新建 SCH 电路原理图为例说明原理图工作环境的使用。Altium Designer 21 采用目前流行的软件工程中的工程管理的方式组织文件。它对任何一个电路图设计都认为是一个项目工程,它包含有指向各个文档文件的链接和必要的工程管理信息。其他各个设计文件都放在项目工程文件所在的文件夹中,方便电子工程师管理维护。

在利用 Altium Designer 21 进行一个完整的设计时,建立印制电路板工程项目是整个工作的开始,这是一个工程管理文件,用来管理设计过程中建立的各种设计文件。在 Altium Designer 21 中,各种设计文件的扩展名不再沿用以前版本的文件扩展名。新扩展名如表 2-1 所示,Altium Designer 21 对以往版本的设计文件是向下兼容的。

表 2-1　Altium Designer 21 的设计文件扩展名

设　计　文　件	扩　　展　　名
PCB 项目工程文件	＊.PrjPcb
FPGA 项目工程文件	＊.PrjFpg
电路原理图文件	＊.SchDoc
PCB 印制电路板文件	＊.PcbDoc
原理图元器件库文件	＊.SchLib
PCB 元器件库文件	＊.PcbLib
元器件集成库文件	＊.IntLib
工作组的文件	＊.PrjGrp

创建印制电路板工程的具体步骤如下。

1) 在资源管理器中建立一个新文件夹

在 Altium Designer 21 中,工程文件和其他设计文档都是独立的文件。在保存时可以存放在任意文件夹中,为了方便查找和管理,建议设计者在资源管理器中建立一个新文件夹用于保存印制电路板工程中的所有文件。例如,在 D:\目录下,新建一个 MY SCH 文件夹。

2) 新建一个印制电路板工程

执行菜单命令 File | New | Project 新建一个印制电路板工程。

单击工作面板 Panels 标签栏的 Projects(图 2-2)可以弹出 Projects 工程管理面板(图 2-3)。Projects 工程管理面板管理当前工作区打开的所有工程,并以树状形式对工程中的各种文件进行管理。

3) 保存工程文件并更改文件名

执行菜单命令 File | Save Project,在弹出的保存文件对话框里输入文件名 PCB_Project_1,并保存在 MY SCH 文件夹中,如图 2-4 所示。

选中图 2-3 所示的 Projects 工程管理面板中的 PCB Project1.PrjPCB 选项,右击,在弹出的快捷菜单中选择 Close Project 选项,将弹出询问是否保存当前项目文件的对话框,单击 Yes 按钮,也将弹出如图 2-4 所示的保存工程项目文件对话框。

在保存工程项目文件对话框中,设计者可以更改设计项目的名称、所保存的文件路径等,文件默认类型为 PCB Projects,后缀名为 .PrjPCB。其中,可以新建 SCH 电路原理图、VHDL 设计文件、PCB 文件、SCH 原理图库、PCB 库、PCB 专案等。

2. 新建电路原理图文件

在创建了工程项目后,需要在工程项目里新建一个电路原理图文件,方法如下。

图 2-2 Panels 标签栏的 Projects

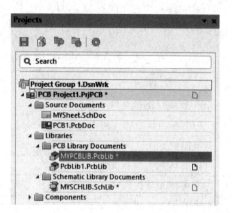

图 2-3 Projects 工程管理面板

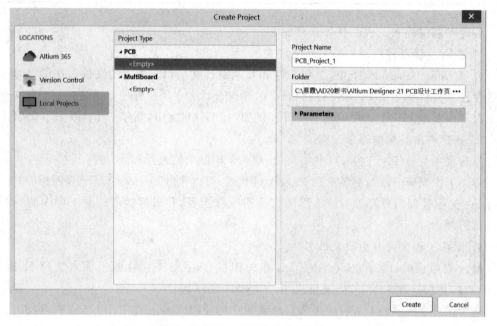

图 2-4 保存工程项目文件对话框

方法一：执行菜单命令 File｜New｜Schematic，系统弹出如图 2-5 所示原理图工作环境对话框。在当前工程中包含了新生成的空白原理图文件。在创建了原理图文件后，就进入电路原理图设计系统。

方法二：右击图 2-5 中 PCB Project1.PrjPCB 的图标，选择 Add New to Project｜Schematic(图 2-6)，系统也能弹出如图 2-5 所示原理图工作环境对话框。在这个子菜单命令中，可以选择执行相应的新建、打开工程、移出工程等命令。

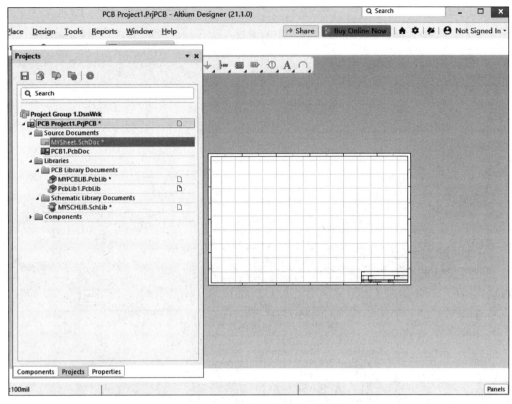

图 2-5 原理图工作环境对话框

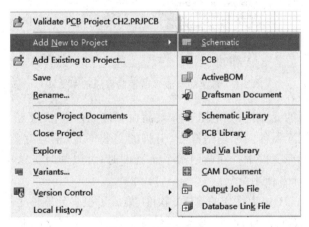

图 2-6 文件子菜单

在工程项目里新建的原理图文件,其默认的文件名为 Sheet1.SchDoc。执行菜单命令 File | Save,系统弹出保存原理图文件对话框如图 2-7 所示。

原理图文件保存在 MY SCH 目录里,保存名为"自激多谐振荡器.SchDoc",如图 2-8 所示。

在创建好一个原理图文件后,Altium Designer 21 默认为该文件装载了两个集成元器件库:Miscellaneous Devices.IntLib 和 Miscellaneous Connectors.IntLib。这两个集成元

图 2-7　保存原理图文件对话框

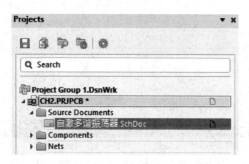

图 2-8　新建的自激多谐振荡器原理图文件

器件库包含了最常用的元器件,如电阻、电容、晶振和接插件等,几乎绘制每一张原理图都要用到。集成库就是把元器件的原理图符号、引脚的封装形式、信号完整性的分析模型、仿真信息等都集成到一个库文件中。在调用某个元器件时,可以同时把这个元器件的所有信息都显示出来,方便设计者使用。

　　Altium Designer 21 作为优秀的 EDA 软件,集成了很多元器件生产厂商的元器件符号和封装形式,有原理图元器件库、PCB 元器件库和集成元器件库,扩展名分别为 SchLib、PcbLib、IntLib。在实际操作中,没有必要过多地添加元器件库,因为这样会占用过多的系统资源,降低系统的执行速度,最好的做法是只添加所需的元器件库。编者建议尽量使用形象直观的库文件面板,单击工作面板 Panels 标签栏的 Components 打开库文件面板,如图 2-9所示,而非使用枯燥、难记的菜单命令。

　　本项目中所用到的元器件在库中的名称、所处的元器件库、元器件标号、参数值如表 2-2所示。

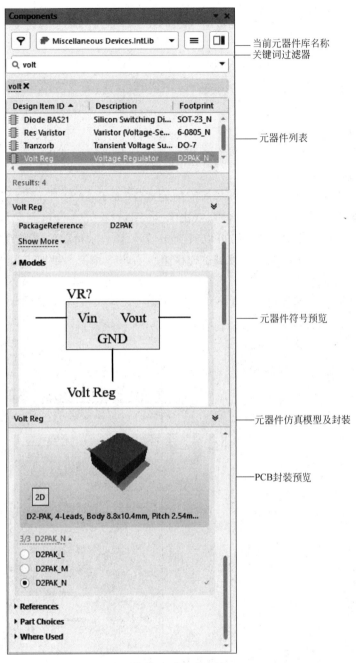

右侧标注（从上到下）：
- 当前元器件库名称
- 关键词过滤器
- 元器件列表
- 元器件符号预览
- 元器件仿真模型及封装
- PCB封装预览

图 2-9 库文件面板

表 2-2 本项目所用元器件列表

Lib Ref(库参考名)	Libiary(元器件库)	Designator （元器件标号）	Part Type （参数值）
Res1（电阻）	Miscellaneous Devices. IntLib	R1～R4	1K、100K
Cap（电容）	Miscellaneous Devices. IntLib	C1、C2	20n
MHDR1X2（接插件）	Miscellaneous Connectors. IntLib	JP1	MHDR1X2
2N3904（三极管）	Miscellaneous Devices. IntLib	Q1、Q2	2N3904

参照表 2-2,在库文件面板中找到所需的元器件后,就可以执行下一步放置元器件符号的操作了。

3. 放置元器件

下面介绍两种方法在图纸上放置元器件。

利用库文件面板,具体操作步骤如下。

(1) 如前面所述,打开库文件面板。

(2) 选择元器件所在的元器件库。在库文件下拉列表框中选中元器件所在的库文件,如 Miscellaneous Devices. IntLib。

(3) 在库文件的元器件列表中选择所需的元器件,如 Res1。

(4) 把所选的元器件放到工作区中,双击 Res1 图标。

把光标移到工作区的适当位置,可以看到带着十字光标和欲放置的元器件的虚影,如图 2-10 所示,单击即可把该元器件放到工作区上。右击或按 Esc 键即可退出放置元器件的命令状态。

元器件的部分选项属性(图 2-11)参数意义如下。

(1) Designator:元器件序号。

(2) Comment:元器件注释。

(3) Footprints:元器件的封装形式。

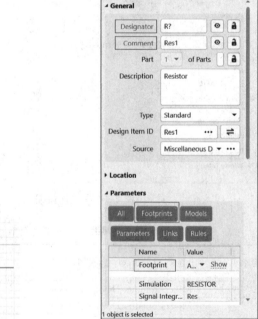

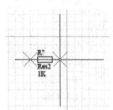

图 2-10　电阻元器件的虚影　　　　图 2-11　电阻元器件的属性

放置元器件时,若要改变元器件的方向可使用空格、X 或 Y 快捷键。右击或按 Esc 键即可退出放置元器件的命令状态。

通过以上这些方法的介绍,设计者可以很方便地把本项目中的元器件放置到工作区中。放置后的结果如图 2-12 所示。

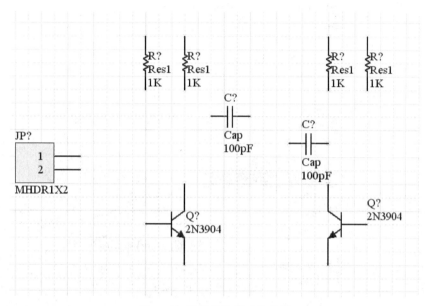

图 2-12　元器件放置后的结果

4. 修改元器件参数值

放置好元器件后,接下来就要修改元器件的参数值了。原理图自带元器件库中元器件的注释、标称值和元器件标号都是固定的,可根据不同电路需要进行修改。如需修改电容元器件的电容值,可直接在 100pF 上单击,如图 2-13(a)所示,再在 100pF 上单击,如图 2-13(b)所示,修改为 20n 后,在图纸上单击确认,即修改完成,如图 2-13(c)所示。

接下来依次修改元器件的元器件标号,把 C? 修改为 C1。其余元器件依照表 2-2 修改参数。

5. 原理图布线

修改好元器件的参数值后,就剩下另一个比较重要的绘图环节——根据电路设计要求把图纸上各个元器件用有电路意义的导线连接起来。这就需要用到 Wiring(布线)工具。导线是绘制原理图中最重要也是用得最多的单元,下面详细介绍绘制原理图布线的方法。

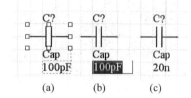

图 2-13　电容元器件的电容值的修改

1) 执行绘制导线的命令

Altium Designer 21 提供 3 种方法绘制导线。

方法一:利用绘制原理图的 Wiring(布线)工具栏。

执行菜单命令 View|Toolbars|Wiring,如图 2-14 所示,Wiring 前打钩表示打开该工具

栏；反之，则表示关闭该工具栏。布线工具栏如图 2-15 所示。布线工具栏中的图标都具有电气意义。单击布线工具栏的"绘制导线" ≈ 按钮来绘制导线。使用布线工具栏比较方便。

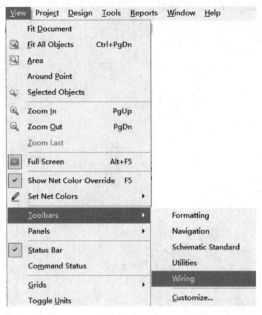

图 2-14　Toolbars 下拉菜单图

方法二：执行菜单命令 Place | Wire。菜单 Place 下的各个命令和 Wiring 布线工具栏的各个按钮相互对应。

方法三：使用绘制导线快捷键 Ctrl＋W。Place 菜单下的每个命令都有对应的快捷键。根据需要可直接按下快捷键执行相应的绘制操作。

2）绘制导线

执行绘制导线的命令后，光标变成"十"字形状，把"十"字光标移到一个电阻的引脚处，如图 2-16 所示，会出现一个蓝色的×字标志，它表示系统找到了一个电路节点。单击，确定导线的起点，拖动，形成一条导线，拖动到适当位置再次确定该导线的终点。绘制完导线后，右击或按 Esc 键即可退出绘制导线的命令状态。

图 2-15　布线工具栏　　　　　　　　　　　　　　图 2-16　绘制导线

在绘制导线的过程中，遇到 T 形线路，则系统自动在此添加一个节点（可在菜单命令 Tools | Preferences 中设置自动节点功能）。在绘制导线拐弯时，需要单击确定导线的拐弯位置，同时可以通过按 Shift＋Space 组合键切换选择导线的拐弯模式，如图 2-17 所示，导线有 3 种拐弯模式：直角、45°角、任意斜线。

3）设置导线属性

在电路原理图上双击需要设置属性的导线，系统将弹出如图 2-18 所示设置导线属性对

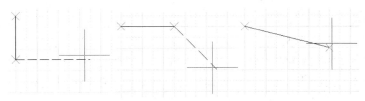

图 2-17　导线的 3 种拐弯模式

话框（Wire），可以在此对话框中设置导线的有关参数。其实，像编辑元器件属性一样，还可以用其他 3 种方法弹出这个设置属性对话框。

方法一：右击要编辑的导线，弹出菜单列表如图 2-19 所示，选择 Properties 命令，系统也会弹出属性对话框。

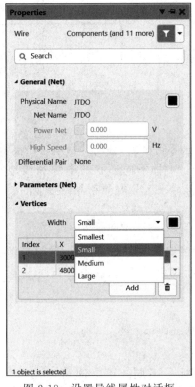

图 2-18　设置导线属性对话框

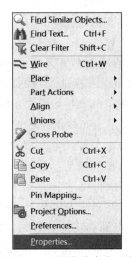

图 2-19　环境菜单命令列表

方法二：双击要编辑的导线，系统也会弹出属性对话框。

方法三：在要编辑的导线处于虚影状态时，按 Tab 键，系统也会弹出属性对话框。

图 2-18 导线属性对话框的设置如下。

◆ Width：导线线宽设置。默认是 Small。右边的下拉列表框中有 4 个选项：Smallest（最小）、Small（小）、Medium（中等）、Large（大）。

◆ Color：导线颜色设置，默认是蓝色。单击其右边色块，会弹出如图 2-20 所示的设置颜色对话框。它一共提供 240 种颜色，选择好颜色后，单击 OK 按钮即可完成对导线颜色的设置。也可以单击图 2-20 中下面的 Define Custom Colors 按钮，选择自定义颜色。

4）修改导线

绘制好一段导线后，若要延长某段导线或者要改变导线上某个拐弯点的位置，可以直接单击该导线，这时，在导线的各个转弯点、起点和终点都会出现绿色的小方块，如图 2-21 所示，将光标移到绿色小方块上，按下并拖动即可修改导线上拐弯点的位置。

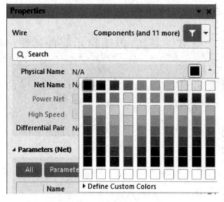

图 2-20　设置颜色对话框

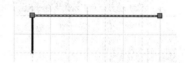

图 2-21　修改导线的方法

6. 放置电源符号

在一张电路原理图中，电源和接地符号是必不可少的，任何一个电子产品都必须有电源和接地才能工作。Altium Designer 21 提供了 11 种不同形状的电源和接地符号，Altium Designer 21 的原理图是通过这些符号的网络标号来区分电源和各种接地的。

1）放置电源和接地符号的命令

执行放置电源和接地符号的方法有 3 种。

方法一：单击布线工具栏的"放置电源和接地符号"的 ⊥ 按钮，通过修改 ⊥ 符号的形状和网络区分电源和接地。⊥ 符号右下角有个黑色三角形，右击点开如图 2-22 所示，设计者可以选择电源和地的形状。

方法二：执行菜单 Place | Power Port。

方法三：英文输入状态下，使用绘制导线快捷键 P | O。

2）修改电源和接地符号的属性

电源和接地符号的图标相同，只是网络标号不同。正电源可以用 VCC、负电源用 VEE、接地用 GND。双击放置到图纸上的电源或接地符号，会弹出电源和接地的属性对话框如图 2-23 所示。

图 2-23 电源和接地的属性设置如下。

◆ Properties：属性框，在 Name 处填入 VCC 或 GND。此处的属性决定了网络表的属性，实现了真正意义的电路连接。填错了会影响后续 PCB 的制作，电源和地短接是非常严重的错误。

◆ Rotation：电源或接地符号有 0°、90°、180°、270°旋转方向。

◆ Location：X 水平方向坐标位置，Y 垂直方向坐标位置。

◆ Style：选择不同的图形符号，有 Circle（圆节点）、Arrow（箭头）、Bar（条形节点）、Wave（波形节点）、Power Ground（电源地）、Signal Ground（信号地）、Earth（大地）等。

　　放置电源和接地符号时,光标会变成"十"字形状,并出现一个电源或接地符号,把它移到合适的位置上,在图纸上出现"米"字形状,单击即可放置符号。放置好符号后修改符号属性,至此,自激多谐振荡器电路原理图设计已完成,保存所有文件。

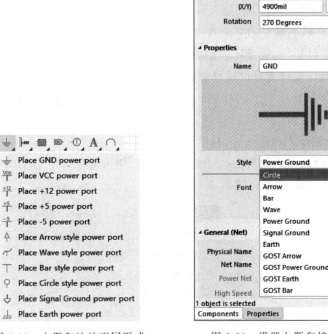

图 2-22　电源和地的不同形式　　　　图 2-23　设置电源和接地符号属性

【相关知识点：其他电气对象的放置】

　　Wiring 工具栏提供了原理图中电气对象的放置命令,除了导线、电源和接地符号外,还有电路节点、No ERC 测试点等。下面依次介绍它们的使用方法。

1. 放置电路节点

　　电路节点是用来表示两条导线交叉处是否为连接的状态。如果没有节点,表示两条导线在电气上是不相通的,有节点则认为两条导线在电气意义上是连接的(图 2-24)。Altium Designer 21 系统默认在 T 形连接处会自动放置节点;但在"十"字交叉处是不会自动放置节点的。

2. 放置 No ERC 测试点

　　放置 No ERC 测试点的主要目的是让系统在进行电气规则检查(Electric Rule Check)时,忽略对某些节点的检查。例如系统默认输入型引脚必须连接,但实际上某些输入型引脚不连接也是常事,如果不放置 No ERC 测试点,那么系统在编译时就会生成错误信息,并在引脚上放置错误标记。

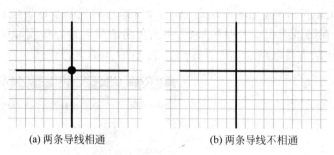

(a) 两条导线相通　　　　　　　(b) 两条导线不相通

图 2-24　放置电路节点的区别

1) No ERC 的放置。绘制放置的方法有 3 种。

方法一：单击布线工具栏的 No ERC 按钮 ⊙，⊙ 按钮右下角有个灰色三角形，右击弹出快捷菜单如图 2-25 所示，设计者可以选择 ✕ 按钮。

方法二：执行菜单命令 Place | Directives | Generic No ERC，如图 2-26 所示。

方法三：快捷键 P+V+N。

启动放置忽略 ERC 测试点命令后，光标变成"十"字形，并且在光标上悬浮一个红叉，如图 2-27 所示。将光标移动到需要放置 No ERC 的节点上，单击完成一个 No ERC 测试点的放置。右击退出放置 No ERC 测试点状态。

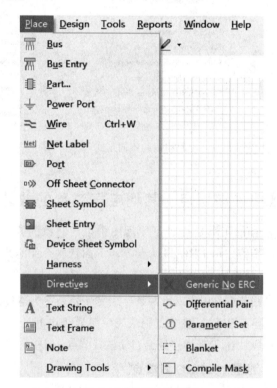

图 2-25　放置 Directives 工具栏　　　　　图 2-26　设置 No ERC

2) 设置 No ERC 属性

在放置 No ERC 状态下按 Tab 键，弹出 No ERC 属性设置对话框，如图 2-28 所示，主要设置 No ERC 的颜色和坐标位置设置,采用默认设置即可。

◆ Location X:No ERC 在原理图上的 X 坐标。

◆ Location Y:No ERC 在原理图上的 Y 坐标。

◆ Color:节点的颜色设置,默认为红色。单击其右边色块,会弹出设置颜色对话框。

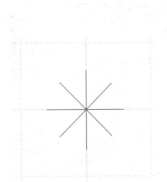

图 2-27 放置 No ERC 测试点

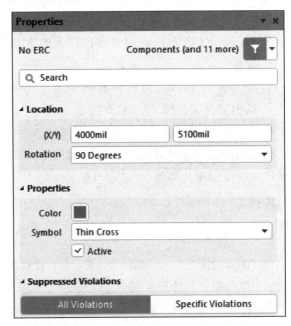

图 2-28 No ERC 属性对话框

3. 放置 PCB Layout 标志

Altium Designer 21 允许设计者在原理图设计阶段规划指定网络铜膜走线的宽度、过孔直径、布线策略、布线优先权和布线板层属性。如果设计者在原理图中对某些特殊要求的网络设置 PCB 布线指示,在创建 PCB 的过程中就会自动在 PCB 中引入这些设计规则。要使在原理图中标记的网络布线规则信息能够传递到 PCB 文件,在进行 PCB 设计时应使用设计同步器传递参数。若使用原理图创建的网络表,所有在原理图上的标记信息将丢失。

1)PCB Layout 的放置

放置 PCB Layout 的方法有 3 种。

方法一:单击布线工具栏上的"放置节点" 按钮。

方法二:执行菜单命令 Place | Directives | Parameter Set。

方法三:快捷键 P+V+M。

启动放置 PCB Layout 命令后,光标变成"十"字形,PCB Rule 图标悬浮在光标上,如图 2-29 所示。将光标移动到放置 PCB 布线指示的位置,单击,完成 PCB 布线指示的放置。右击,退出 PCB Layout 指示状态。

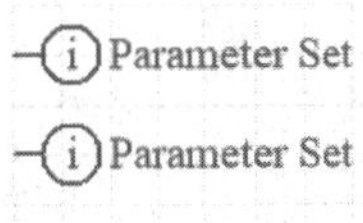

—(i) Parameter Set

—(i) Parameter Set

图 2-29 放置 PCB Layout
         标志

2）设置 PCB Layout 属性

在放置 PCB Layout 指示状态下，按 Tab 键弹出 Parameter Set 对话框，如图 2-30 所示。或者在已放置的 PCB 布线指示上双击，进行 PCB 布线指示属性设置。

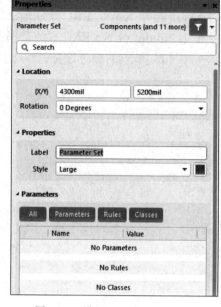

◆ Location：PCB Layout 在原理图上的 X/Y 坐标。

◆ Rotation：输入栏用来设置 PCB 布线指示的放置角度，可以按空格键实现。

◆ Label：设置 PCB Layout 指示名称。

变量列表窗口区域列出了所选的 PCB 布线指示所定义的变量及其属性，可以对当前定义的变量进行编辑。

图 2-30　设置 PCB Layout 属性

【思考题】

（1）在原理图绘制时，Wire 和 Line 有什么区别？

（2）如何绘制接地符号 ⏚ ？

（3）如果需要查找三极管 PNP，你如何查找？

（4）Altium Designer 21 有 2 个常用的元器件库，请写出来。

【能力进阶之实战演练】

（1）绘制如图 2-31 所示的电路原理图。

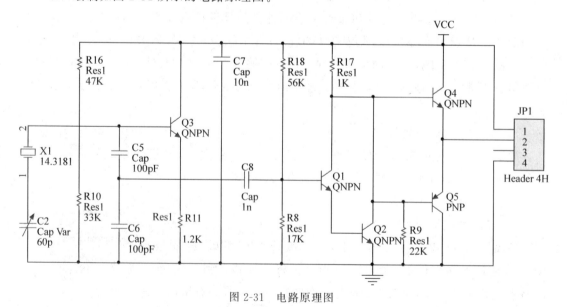

图 2-31　电路原理图

（2）绘制如图 2-32 所示的基本放大电路原理图。

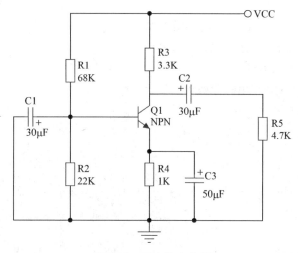

图 2-32 基本放大电路

（3）绘制如图 2-33 所示的稳压电源电路原理图。

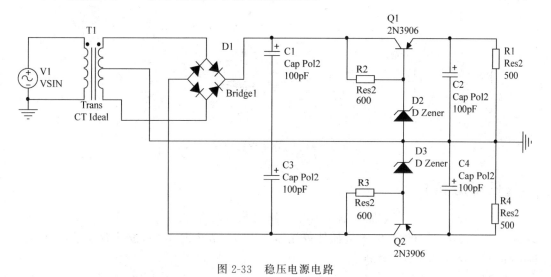

图 2-33 稳压电源电路

实训任务 2-2 数字电路原理图绘制——查找元器件库

**任务 2-2
数字电路原
理图绘制**

【实训目标】

（1）掌握正确查找元器件的方法。

（2）掌握正确标注多子元器件的方法。

（3）掌握基本原理图的绘制方法。

【课时安排】

2 课时。

【任务情景描述】

数字电路原理图(图 2-34)绘制设计要求如下。

(1) 放置所有的元器件,摆放位置和样图一致。

(2) 采用导线连接元器件。

(3) 对元器件进行标号、填写参数值。

(4) 添加电源和地网络。

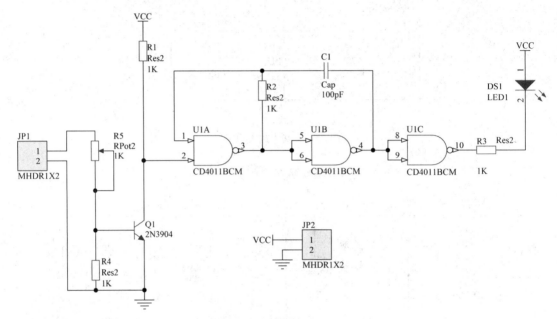

图 2-34　数字电路原理图

【任务分析】

这是一个简单的数字电路。这个数字电路由集成芯片 CD4011BCM、电阻、可变电阻、电容、三极管、发光二极管、两头接插件等元器件组成。在本任务中,设计者来学习 Altium Designer 21 的元器件查找功能。

在官网上下载库文件,选择 Fairchild Semiconductor(仙童半导体)下载。文件夹里的内容非常丰富,涵盖了诸如门电路、运算放大器等非常多的芯片。

【操作步骤】

1. 新建印制电路板工程和原理图文件

执行菜单命令 File | New | PCB Project,新建一个印制电路板工程。单击 File | Save Project,把项目文件保存在文件夹中。

在创建了工程项目后,执行菜单命令 File | New | Schematic,在工程项目里新建一个原理图文件,保存为"数字电路.SchDoc"。

2. 元器件的查找

有时候,如果需要查找其他元器件,设计者可能知道元器件的大概名称,却又不知道元器件处于哪个元器件库中,这时就要使用元器件查找功能。

启动 Altium Designer 21 的原理图编辑器,在屏幕的右下角,单击面板 Panels,从弹出的菜单中选择 Components,弹出元器件库面板如图 2-35 所示。

下面介绍元器件查找的方法。

在打开的原理图文件中,单击 Components 标签栏,弹出元器件库文件面板,单击 ☰ 按钮,选择 File-based Libraries Search 选项(图 2-36),系统弹出如图 2-37 所示查找元器件对话框。

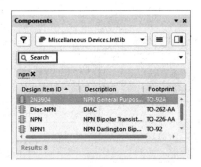

图 2-35　查找元器件对话框 Search 标签页　　　图 2-36　File-based Libraries Search 选项

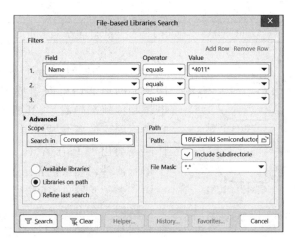

图 2-37　查找元器件对话框

在 Field 栏中选择 Name(名称),Value(参数值)栏中输入要搜索的零件名称,如 * 4011 * ,* 是通配符,不清楚名称的细节时都可以用 * 代替。

Search in 搜索类型:单击下拉菜单,可选择搜索类型 Components(零件)、Footprints(封装)、3D models database components(3D 模型)。通常选择搜索零件 Components(零件)。

搜索范围有 3 个选项:Available libraries 是当前可用库,已经加载到 Altium Designer 21 的系统中了。因为选中此项时,图 2-36 的 Path 路径是灰色的,不可用的,所以不需要填写指定搜索的路径。

Libraries on path 在搜索路径中指定的库搜索:此时图 2-36 的路径 Path 是点亮的,可用的,需要填写指定搜索的路径。Path 指定的搜索的路径为 Library 下载的路径。在搜索之前,把平时从网上下载的元器件库都保存到这个路径,搜索就会很顺利。

Refine last search：最近的搜索。

单击如图 2-37 左下角的 Search 按钮，启动搜索。图 2-37 的库搜索面板自动消失，搜索结果在屏幕右侧的库面板显示。如果需要，可把新搜索到的元件所属的库加载。

3. 元器件的放置

当设计者把所需要的元器件加载到设计系统后，就可以从库面板中取出所需要的元器件并把它们放到图纸上了。本项目中所用到的元器件在库中的名称、所处的元器件库、元器件标号、参数值列表如表 2-3 所示。通过以上方法的介绍，设计者可以很方便地找到本项目所用的元器件，并放置在原理图工作区中。

表 2-3   本项目所用元器件列表

Lib Ref(库参考名)	Libiary(元器件库)	Designator (元器件标号)	Part Type (参数值)
Res2(电阻)	Miscellaneous Devices. IntLib	R1～R4	1kΩ
RPot2(可变电阻)	Miscellaneous Devices. IntLib	R5	1kΩ
Cap(电容)	Miscellaneous Devices. IntLib	C1	100pF
LED1(发光二极管)	Miscellaneous Devices. IntLib	DS1	LED1
MHDR1X2(接插件)	Miscellaneous Connectors. IntLib	JP1、JP2	MHDR1X2
2N3904(三极管)	Miscellaneous Devices. IntLib	Q1	2N3904
CD4011BCM(与非门)	Fairchild Semiconductor | FSC Logic Gate. IntLib	U1	CD4011BCM

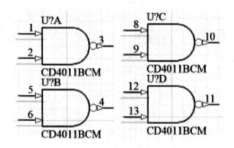

图 2-38   多子元器件 CD4011BCM

CD4011BCM 是一个多子元器件，由 4 个相同功能的与非门电路组成，封装在一个芯片里，电源和接地都隐藏了，其放置方法与其他元器件有所不同。放置集成芯片 CD4011BCM 时，库文件面板会出现 Part A、Part B、Part C、Part D 四个子元器件，这四个子元器件外观一样，引脚不一样。多子元器件 CD4011BCM 如图 2-38 所示。

当同一个多子元器件放在图纸上时，元器件标号都是一样的，如 U1A、U1B，都是表示一个器件。放置时注意选择不同的子部件(Part)，以免放置过多的元器件。放置好元器件的原理图如图 2-39 所示。

4. 布线与放置电源和接地符号

对放置好的元器件进行连线，元器件之间应留有间隔，这样就有足够的空间用来将导线连接到每个元器件引脚上。这很重要，因为不能将一根导线穿过同一个元器件的一个引脚来连接另一个引脚。如果这样做，两个引脚就都连接到导线上了，元器件就短路了。布好线的原理图如图 2-40 所示。

接着可以放置电源和接地符号(任何一个电子产品都必须有电源和接地才能工作)，并且修改符号的形状和网络标号。最后对元器件的属性进行编辑。至此，数字电路原理图设计已完成，保存所有文件。

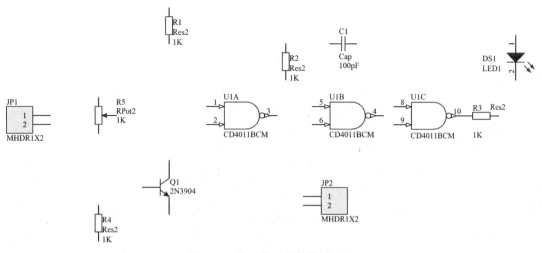

图 2-39 放置好元器件的原理图

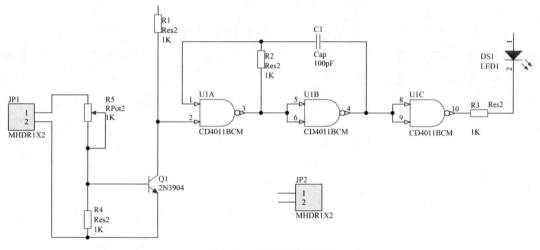

图 2-40 布好线的原理图

【思考题】

（1）如果绘制的电路原理图太大，图纸尺寸不够，如何设置？

（2）请罗列一下你掌握的快捷键用法，并解释其功能（至少 4 个）。

【能力进阶之实战演练】

（1）绘制如图 2-41 所示的时钟信号电路原理图。

（2）绘制如图 2-42 所示的数字电路原理图。

（3）绘制如图 2-43 所示的运放电路原理图。

（4）绘制如图 2-44 所示的时钟发生器原理图。

（5）绘制如图 2-45 所示的电子风车原理图。

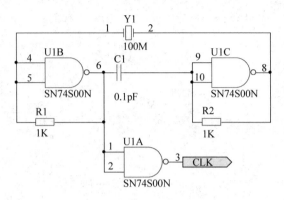

图 2-41 时钟信号电路原理图

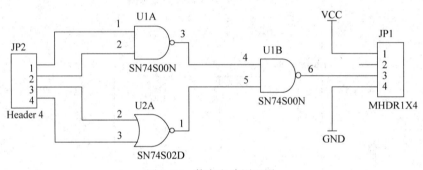

图 2-42 数字电路原理图

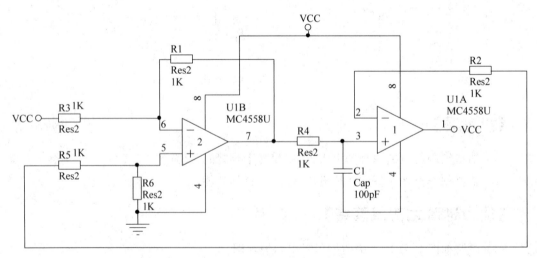

图 2-43 运放电路原理图

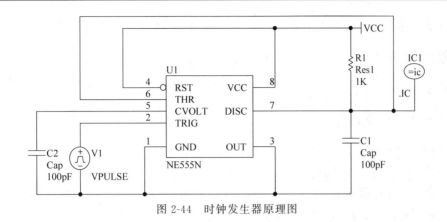

图 2-44　时钟发生器原理图

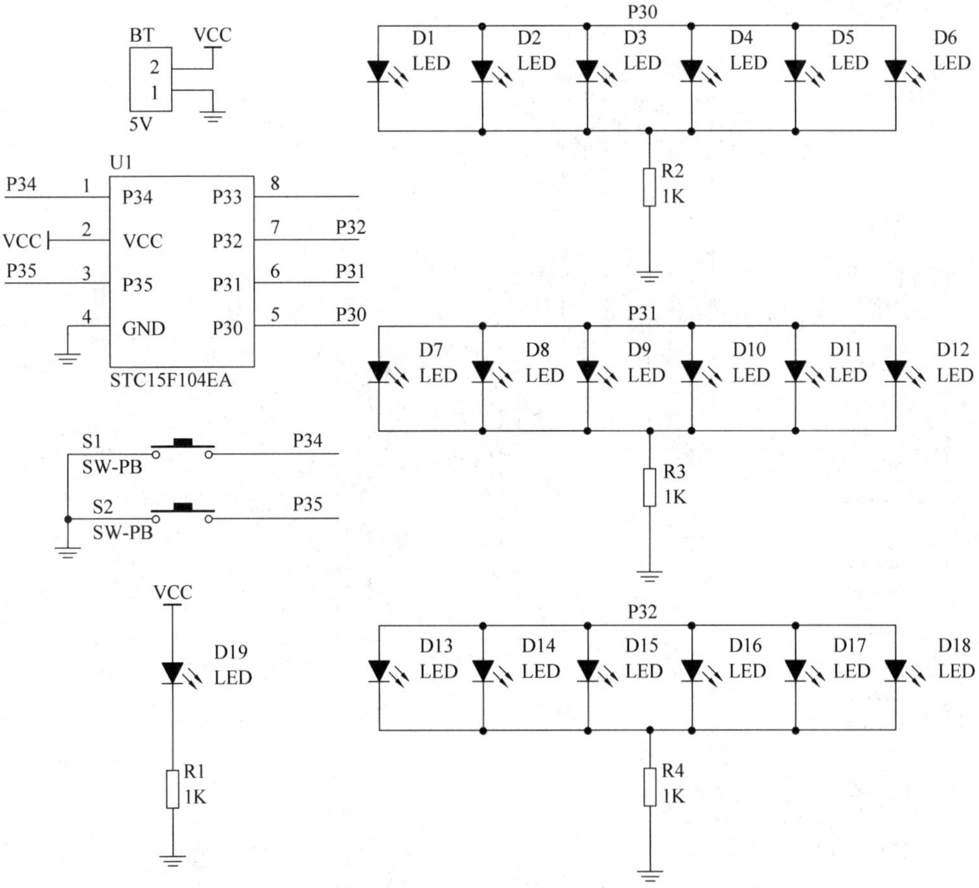

图 2-45　电子风车原理图

实训任务 2-3　优先译码器电路原理图绘制——加载元器件库

【实训目标】

（1）掌握正确查找元器件的方法。

（2）掌握正确加载、卸载元器件库的方法。

（3）掌握基本原理图的绘制方法。

【课时安排】

2 课时。

【任务情景描述】

优先译码器电路原理图(图 2-46)绘制设计要求如下。

（1）放置所有的元器件，摆放位置和样图一致。

（2）采用导线连接元器件。

（3）对元器件进行标号、填写参数值。

（4）添加电源和地网络。

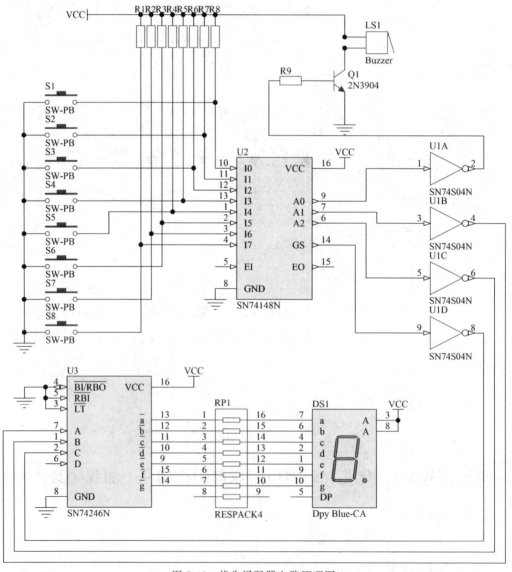

图 2-46　优先译码器电路原理图

【任务分析】

这个优先译码器由集成芯片 SN74246N、SN74148N 和 SN74S04N、电阻、排阻、按钮、三极管、蜂鸣器与数码管等元器件组成。在本任务中，设计者主要来学习 Altium Designer 21 的元器件库加载功能。

【操作步骤】

1. 新建印制电路板工程和原理图文件

执行菜单命令 File｜New｜PCB Project，新建一个印制电路板工程。单击 File｜Save Project，把项目文件保存在文件夹中。

在创建了工程项目后，执行菜单命令 File｜New｜Schematic，在工程项目里新建一个原理图文件，保存为"优先译码器.SchDoc"。

2. 元器件库的加载

通过前面的学习，设计者可以很方便地找到本项目所用的大部分元器件，并放置在原理图工作区中。集成芯片 SN7404、SN74148N 和 SN74246N 在 Texas Instruments 公司的库中都能找到，需要另外加载。官网上的元器件库第一级是以元器件生产厂商分类，例如 Texas Instruments 是美国得克萨斯仪器公司，仅这个厂商的元器件资源就十分充足；第二级是以元器件的功能分类，例如运放类、逻辑门电路等。

根据绘制原理图的需要，设计者选择所需的元器件。比如设计者要加载元器件非门电路 SN74S04N。

首先单击 Components 标签栏，打开 Components 工作面板。单击 ☰ 按钮（图 2-47），选择 File-based Libraries Preferences 命令，系统弹出 Available File-based Libraries 对话框，如图 2-48 所示。

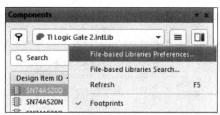

图 2-47　File-based Libraries Preferences 标签

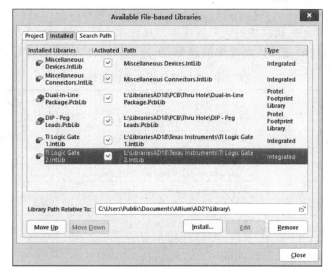

图 2-48　添加/删除元器件对话框

然后,在图 2-48 所示添加/删除元器件对话框单击 [Install...] 按钮,选择一级元器件库文件夹 Texas Instruments(这是公司名称),打开该文件夹。双击二级元器件库文件 TI Logic Gate 2.IntLib(图 2-49),加载库文件。

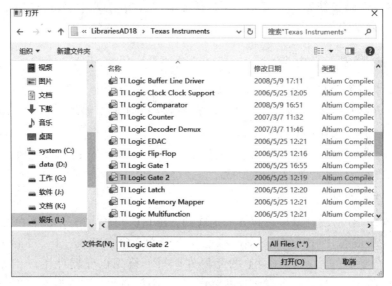

图 2-49 二级元器件库文件对话框

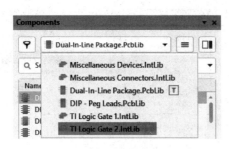

图 2-50 添加元器件后的对话框

最后,选择 TI Logic Gate 2.IntLib 后单击 [打开(O)] 按钮,元器件库立即加载到 Libraries 中了,如图 2-50 所示。

在如图 2-48 所示的添加/删除元器件对话框中,如需继续加载,单击 [Install...] 按钮即可;如需删除已经装载的元器件库文件,选择不需要的库文件,单击 [Remove] 按钮即可。

单击添加/删除元器件对话框中的 [Close] 按钮即可关闭此对话框,同时,新添加的元器件库即出现在库文件面板上成为当前活动的库文件。

本项目中所用到的元器件在库中的名称、所处的元器件库、元器件标号如表 2-4 所示。

表 2-4 本项目所用元器件列表

Lib Ref(库参考名)	Libiary(元器件库)	Designator(元器件标号)
Res2(电阻)	Miscellaneous Devices.IntLib	R1~R9
RES PACK4(排阻)	Miscellaneous Devices.IntLib	RP1
2N3904(三极管)	Miscellaneous Devices.IntLib	Q1
SW-PB(按钮)	Miscellaneous Devices.IntLib	S1~S8
Buzzer(蜂鸣器)	Miscellaneous Devices.IntLib	LS1
Dpy Green-CA(数码管)	Miscellaneous Devices.IntLib	DS1
SN74S04N(反相器)	TI Logic Gate 2.IntLib	U1
SN74148N(优先译码器)	TI LogicMultiplexer.IntLib	U2
SN74246N(数码管驱动)	TI Interface DisplayDriver.IntLib	U3

参照表 2-4，设计者可以采取同样的方法加载 SN74148N 和 SN74246N，这两个元器件同在 Texas Instruments 库中。

3. 绘制原理图

加载好元器件库，即可通过库面板把元器件放置到原理图中。注意 SN74S04N 是一个多子元器件，需选择其四个不同的子部件。放置时分别选择 Part A、Part B、Part C、Part D，避免放置过多的元器件，其元器件标号为 U1A、U1B、U1C、U1D。放置好元器件的原理图如图 2-51 所示。

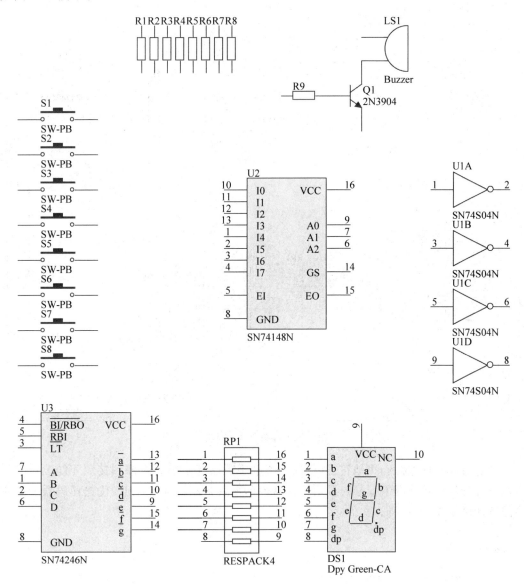

图 2-51 放置好的元器件

4. 布线及放置电源和接地符号

对放置好的元器件进行连线，布好线的原理图如图 2-52 所示。

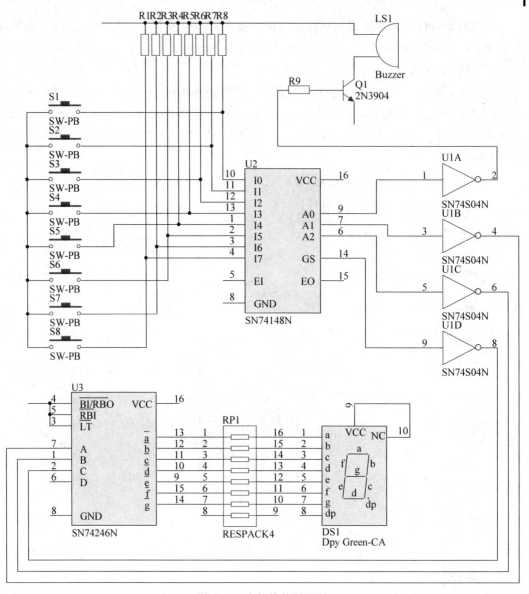

图 2-52   布好线的原理图

接着可以放置电源和接地符号(任何一个电子产品都必须有电源和接地才能工作),并且修改符号的形状和网络标号。最后对元器件的属性进行编辑。至此,优先译码器电路原理图设计已完成,保存所有文件。

【思考题】

(1) 你能找到芯片 ADC0809 的资料吗?请在 AD 库中找到它。

(2) 如果需要查找 SN74S00,你如何查找?

【能力进阶之实战演练】

(1) 绘制如图 2-53 所示的优先级编码器原理图。要求原理图图纸尺寸为 A4、去掉标题栏、关闭可视栅格和电气栅格。

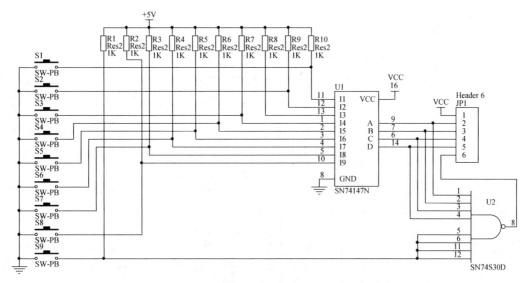

图 2-53　优先级编码器电路原理图

（2）绘制如图 2-54 所示的 20W 音频功效电路原理图。

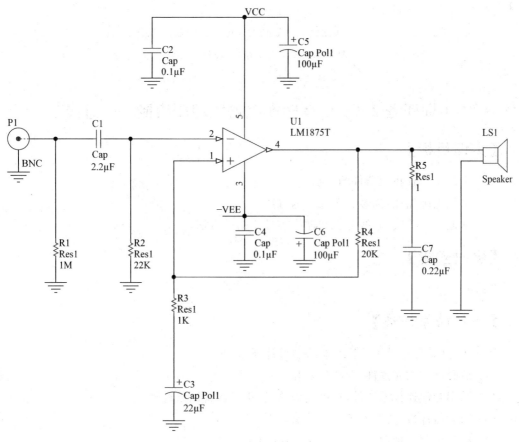

图 2-54　20W 音频功效电路原理图

（3）绘制如图 2-55 所示的模拟电子蜡烛电路原理图。

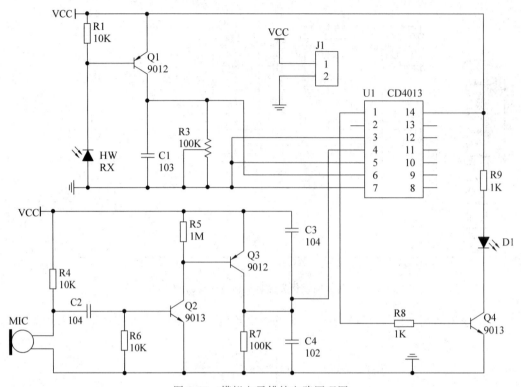

图 2-55　模拟电子蜡烛电路原理图

任务 2-4
A/D 转换
电路原理
图绘制

实训任务 2-4　A/D 转换电路原理图绘制——总线

【实训目标】

（1）掌握正确查找元器件的方法。

（2）掌握正确加载、卸载元器件库的方法。

（3）掌握基本总线、总线分支和网络标号绘制的方法。

【课时安排】

2 课时。

【任务情景描述】

A/D 转换电路原理图（图 2-56）绘制设计要求如下。

（1）放置所有的元器件，摆放位置和样图一致。

（2）采用导线连接元器件，正确连接总线，正确放置网络标号。

（3）对元器件进行标号、填写参数值。

（4）添加电源和地网络。

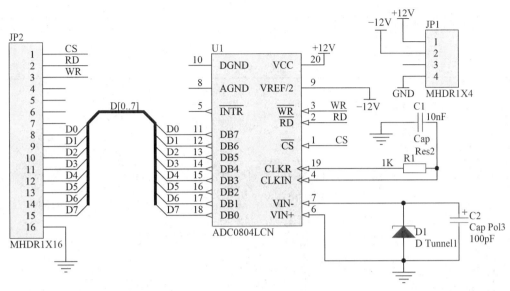

图 2-56 A/D 转换电路原理图

【任务分析】

这个电路主要由 A/D 转换器 ADC0804LCN、电阻、电容、隧道二极管和接插件构成。这是一个较复杂电路,涉及总线、总线分支与网络标号的绘制。本任务主要讲解本项目所涉及的总线、总线分支与网络标号的绘制。

【操作步骤】

1. 新建印制电路板工程和原理图文件

执行菜单命令 File | New | PCB Project,新建一个印制电路板工程。单击 File | Save Project,把项目文件保存在文件夹中。

在创建了工程项目后,执行菜单命令 File | New | Schematic,在工程项目里新建一个原理图文件,保存为"A/D 转换电路. SchDoc"。

2. 查找并放置元器件

AD 转换器 ADC0804LCN 所在库为 National Semiconductor。本项目中所用到的元器件在库中名称、所处的元器件库、元器件标号如表 2-5 所示,加载好元器件库后,即可放置元器件了。

表 2-5 本项目中所需元器件列表

Lib Ref(库参考名)	Libiary(元器件库)	Designator(元器件标号)
RES2	Miscellaneous Devices. IntLib	R1
CAP	Miscellaneous Devices. IntLib	C1
CAP POL3	Miscellaneous Devices. IntLib	C2
D TUNNEL	Miscellaneous Devices. IntLib	D1
MHDR1X2(接插件)	MiscellaneousConnectors. IntLib	JP1

Lib Ref(库参考名)	Libiary(元器件库)	Designator(元器件标号)
MHDR1X14(接插件)	MiscellaneousConnectors. IntLib	JP2
ADC0804LCN(AD 转换器)	NSC ADCIntLib	U1

放置好元器件的原理图如图 2-57 所示。

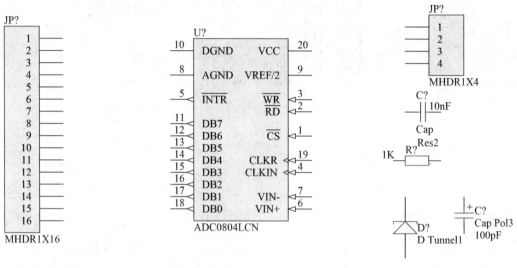

图 2-57　放置好元器件的原理图

3. 绘制总线、总线分支和网络标号

本项目中需要绘制大量的总线、总线分支和网络标号。Wiring 工具栏提供了原理图中大量电气对象的放置命令,除了导线、电源和接地符号外,还有网络标号、总线、总线分支等。下面将依次介绍它们的使用方法。

1) 放置网络标号

在绘制电路原理图时,除了用导线使元器件之间具有电路连接外,还可以通过设置网络标号的方法使元器件之间具有电路连接。网络标号具有电气特性,具有相同网络标号的导线或元器件引脚不管在电路原理图上是否连接在一起,其电气关系都是连接在一起的。在绘制复杂原理图时,要把所有具有电气连接的元器件用导线连起来很麻烦,设置网络标号可使原理图清晰简单,方便阅读。本项目中大量使用了网络标号。

图 2-58　放置网络标号按钮

（1）网络标号的放置。执行放置网络标号的方法有以下 3 种。

方法一:单击布线工具栏上的放置网络标号 Net 按钮,如图 2-58 所示。

方法二:执行菜单命令 Place | Net Lable。

方法三:快捷键 P+N。

放置网络标号时,当网络标号靠近元器件引脚或导线时,必须有红色的"米"字形标注出现,才可放置,如图 2-59 所示。否则,该网络标号没有连接到该元器件的引脚或导线上。有电气意义的对象在连接时才会出现"米"字形状。在放置网络标号时,可以按空格键改变网络标号的放置方向。右击或按 Esc 键可退出放置网络标号的命令状态。

(2)设置网络标号属性。双击网络标号,系统会弹出属性对话框,如图 2-60 所示。

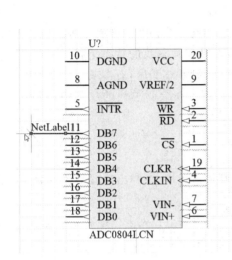

图 2-59 放置网络标号

图 2-60 网络标号属性对话框

网络标号属性对话框的设置如下。

◆ Location:网络标号在原理图上的 X/Y 坐标。

◆ Rotation:网络标号在原理图上的放置方向,右边下拉列表框中有 4 个选项 0 Degrees、90 Degrees、180 Degrees、270 Degrees。

◆ Net Name:网络标号名称,网络标号名称是区分大小写的,如 D0 与 d0 表示两个不同的网络。如果在此混淆了字母的大小写,将会使元器件本应连接在一起的引脚在电路上不连接。如果把这个错误带到 PCB 板的设计中,会导致很严重的错误。

◆ Font:网络标号名称字体设置。单击黑色三角形,可选择所需的字体。

如果网络标号名称的末尾为数字,在放置网络标号的过程中,按 Tab 键,系统也会弹出如图 2-60 所示的网络标号属性设置对话框,在文本框中输入 D0,可以连续放置网络标号时自动使该数字加1。

网络标号颜色设置。默认的是蓝色的。单击其右边色块,会弹出设置颜色对话框。它一共提供 240 种颜色,同导线的设置一样。

2)绘制总线

在绘制电路原理图时,通常会出现一组具有相关性的并行导线(如数据总线和地址总线),为绘制方便,可以用一根较粗的线条表示总线。这样可以减少连线的工作量和简化电路,同时可以增加电路的美观性。在原理图编辑环境下,总线本身没有任何电气连接意义,它只是用来更清晰地标注电路的逻辑连接关系,而电气连接要通过网络标号来实现。

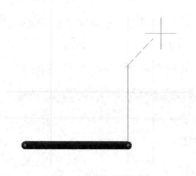

图 2-61　绘制总线

（1）总线的绘制。如图 2-61 所示为总线的绘制，绘制总线的方法有以下 3 种。

方法一：单击布线工具栏上的放置总线 按钮。

方法二：执行菜单命令 Place│Bus。

方法三：快捷键 P+B。

总线拐弯也如同导线拐弯一样有三种模式：直角、45°、任意斜线，可以在画总线的状态下按 Shift+Space 组合键来切换。绘制好总线后，右击或按 Esc 键可退出画总线的命令状态。在绘制总线的过程中，遇到 T 形线路，系统不会像绘制导线一样添加节点。

（2）设置总线属性。双击总线，可设置其属性。

总线属性对话框的设置如下。

◆ Color：总线颜色设置。默认是蓝色。单击其右边色块，会弹出设置颜色对话框。它一共提供 240 种颜色，同导线的设置。

◆ Bus Width：总线线宽设置。默认是 Small。右边的下拉列表框中有 4 个选项，分别为 Smallest（最小）、Small（小）、Medium（中等）、Large（大）。

3）绘制总线分支

在绘制好总线后，还要把总线和具有电路特性的导线连接起来，常用总线分支使原理图清晰、美观，具有专业水准。总线分支也具备电气特性。

（1）总线分支的绘制。如图 2-62 所示为绘制总线分支，绘制总线分支的方法有以下 3 种。

方法一：单击布线工具栏上的放置总线分支 按钮。

图 2-62　绘制总线分支

方法二：执行菜单命令 Place│Bus Entry。

方法三：快捷键 P+U。

按键盘上的空格键可调整总线分支的方向，绘制好总线分支后，右击或按 Esc 键可退出绘制总线分支的命令状态。

（2）设置总线分支属性。双击总线分支，可设置总线分支属性。

总线分支属性对话框的设置如下。

◆ Location X1：分支的一个端点在原理图上的 X 坐标。

◆ Location Y1：分支的一个端点在原理图上的 Y 坐标。

◆ Location X2：分支的另一个端点在原理图上的 X 坐标。

◆ Location Y2：分支的另一个端点在原理图上的 Y 坐标。

◆ Color：总线分支颜色设置，默认是蓝色。单击其右边色块，会弹出设置颜色对话框。

◆ Line Width：总线分支线宽设置，默认是 Small（细）。

4. 布线及放置电源和接地符号

对放置好的元器件进行连线，布好线的原理图如图 2-63 所示。

本项目中电源有+12V 和-12V 两种，接下来就需要放置电源和接地符号，并且修改符号的形状和网络标号。最后对元器件的属性进行编辑。至此，A/D 转换电路原理图设计

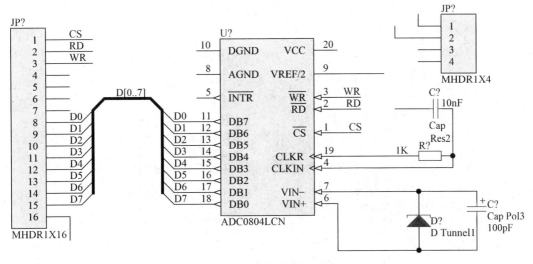

图 2-63 布好线的原理图

已完成,再保存所有文件。

【思考题】

(1) 总线、总线分支、网络标号一定要一起出现吗?

(2) 网络标号和文字注释有什么区别?

(3) 原理图自动编号的意义何在?

【能力进阶之实战演练】

(1) 绘制如图 2-64 所示的声控七彩 LED 电路原理图。

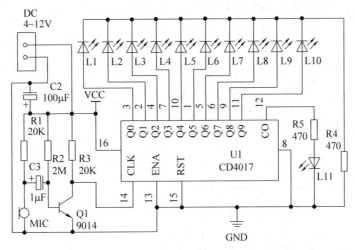

图 2-64 声控七彩 LED 电路原理图

(2) 绘制如图 2-65 所示的数模转换电路原理图。

(3) 绘制如图 2-66 所示的四位旋转电子钟电路原理图。

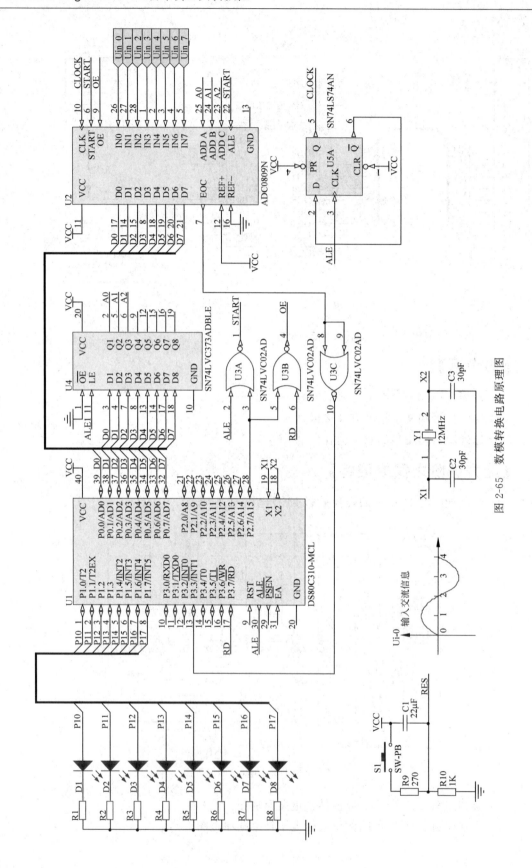

图 2-65 数模转换电路原理图

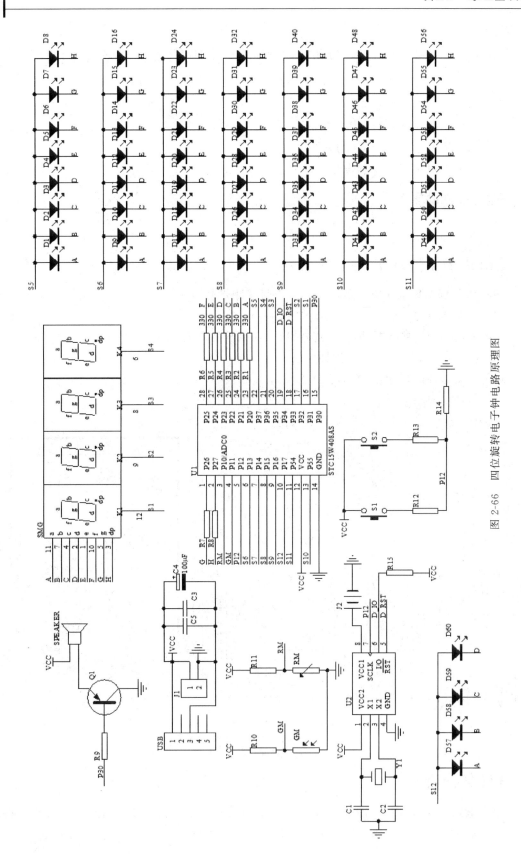

图 2-66 四位旋转电子钟电路原理图

实训任务 2-5　单片机数据采集电路原理图绘制——绘图工具栏

【实训目标】

（1）掌握绘图工具栏的使用方法。
（2）掌握为原理图加 Logo 的方法。
（3）掌握 I/O 端口的绘制方法。

【课时安排】

2 课时。

【任务情景描述】

单片机数据采集电路原理图（图 2-67）绘制设计要求如下。
（1）放置所有的元器件，摆放位置和样图一致。
（2）采用导线连接元器件，正确连接总线，正确放置网络标号。
（3）绘制正弦波，放置文字，添加外框。
（4）对元器件进行标号、填写参数值。
（5）添加电源和地网络。

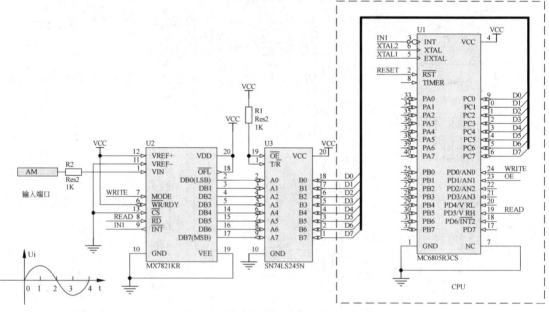

图 2-67　单片机数据采集电路原理图

【任务分析】

这个电路主要由 MOTOROLA 公司的单片机 MC6805R3CS、TI 公司的八双向数据收发器 SN74LS245N、MAXIM 公司的 A/D 转换器 MAX7821KR 及一些必要的电阻构成。

元器件的查找和总线的绘制已经学习过,此图中出现了一个正弦波、文字、虚线框及 Logo 图标,这就需要用到绘图工具栏了。

【操作步骤】

1. 新建印制电路板工程和原理图文件

执行菜单命令 File | New | PCB Project,新建一个印制电路板工程。单击 File | Save Project,把项目文件保存在文件夹中。

在创建了工程项目后,执行菜单命令 File | New | Schematic,在工程项目里新建一个原理图文件,保存为"单片机数据采集电路.SchDoc"。

2. 查找并放置元器件

本项目中所用到的元器件在库中的名称、所处的元器件库、元器件标号如表 2-6 所示,参照表 2-6,设计者可以采取前面所讲述的方法加载好元器件库后,即可放置元器件了。

表 2-6 本项目中所需元器件列表

Lib Ref(库参考名)	Libiary(元器件库)	Designator(元器件标号)
RES2	Miscellaneous Devices. IntLib	R1、R2
MC6805R3CS	Motorola Microprocessor 8-bit. IntLib	U1
MX7812KR	Maxim Converter Analog to Digital. IntLib	U2
SN74LS245N	TI Interface 8-Bit LineTranceiver. IntLib	U3

3. 原理图布线与放置输入/输出端口

对放置好的元器件进行连接导线、网络标号、绘制总线和总线分支等,布好线的原理图如图 2-68 所示。

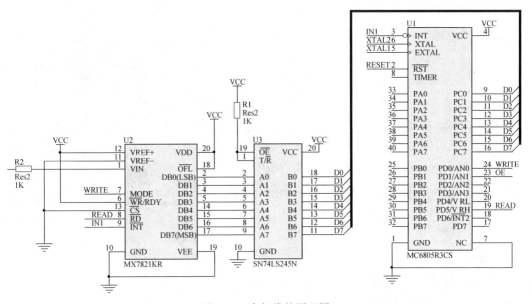

图 2-68 布好线的原理图

在设计电路图时,一个电路和另一个电路的连接可以通过导线连接,也可以通过放置网络标号使两个电路具有电气连接关系,还可以使用输入/输出端口。相同名称的输入/输出端口在电气上是连接的,常用于绘制层次原理图。在本项目中,就使用到了一个输入/输出端口,可以和外面的电路连接。下面介绍输入/输出端口的绘制方法。

1) 输入/输出端口的绘制

输入/输出端口的绘制如图 2-69 所示,绘制输入/输出端口的方法有以下 3 种。

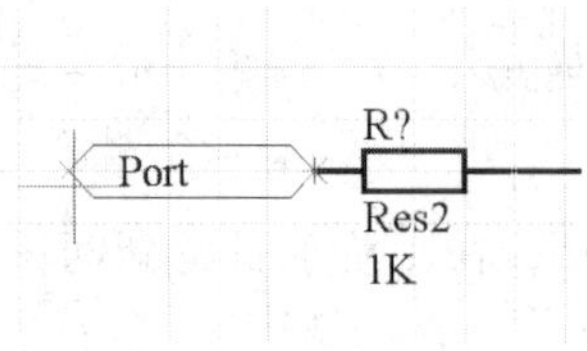

方法一:单击布线工具栏上的放置输入/输出端口 按钮。

方法二:执行菜单命令 Place | Port。

图 2-69 放置输入/输出端口

方法三:快捷键 P+R。

2) 设置输入/输出端口属性

双击输入/输出端口,系统弹出输入/输出端口属性对话框如图 2-70 所示,属性对话框设置如下。

◆ Name:输入/输出端口名称,相同名称的输入/输出端口在电气上是连接的。

◆ I/O Type:输入/输出端口类型,作为检测系统电气规则的依据。端口类型共有 4 种,分别为 Unspecified(未定义端口)、Output(输出端口)、Input(输入端口)、Bidirectional(双向端口)。

◆ Alignment:端口名称在端口符号中的类型,共有 3 种形式,分别为 Left、Center、Right。

4. 绘制图形

Altium Designer 21 提供的 Drawing Tools(绘图工具)可以在原理图上绘制一些无电气特性的图形,使原理图更加完美,更容易阅读。绘图工具可以绘制直线、圆弧、曲线、多边形和文本等。在本项目中,使用了绘图工具。执行菜单命令 View | Toolbars|Drawing,即可显示绘图工具栏,如图 2-71 所示。在 Toolbars 的下拉菜单中,Drawing 前打钩表示打开该工具栏;反之,关闭该工具栏。单击 Drawing 工具栏中的 也可关闭该工具栏。

1) 绘制直线

(1) 执行绘制直线的命令。Altium Designer 21 提供以下 3 种方法绘制直线。

方法一:利用绘制原理图的绘图工具栏 Drawing。绘图工具栏中的图标都不具有电气

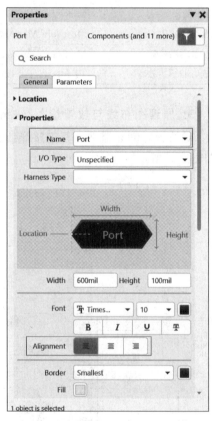

图 2-70 输入/输出端口属性对话框 Graphical 标签页

意义。单击绘图工具栏的绘制直线 / 按钮。

方法二：执行菜单 Place 下的各个命令，它和 Wiring 布线工具栏的按钮互相对应。执行菜单命令 Place | Drawing Tools | Line。

方法三：Place 菜单下的每个命令都有对应的快捷键。根据需要直接按下快捷键，也可以执行相应的绘制操作。使用绘制导线快捷键 P | D | L。

（2）绘制直线。执行绘制直线的命令后，光标变成"十"字形状，把"十"字光标移到需要绘制的区域中，如图 2-72 所示，单击，确定直线的起点，拖动，形成一条虚直线，拖动到适当位置再次单击确定该直线的终点。绘制完直线后，右击或按 Esc 键即可退出绘制直线的命令状态。

图 2-71　Drawing 工具栏

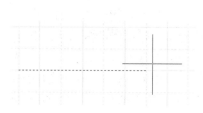

图 2-72　绘制直线

在绘制直线拐弯时，需要单击确定直线的拐弯位置，同时可以通过按 Shift＋Space 组合键来切换选择直线的拐弯模式，如图 2-73 所示，直线有 3 种拐弯模式：直角、45°、任意斜线。

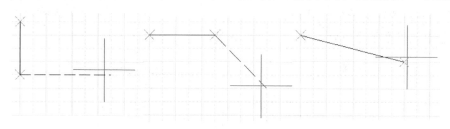

图 2-73　直线的 3 种拐弯模式

坐标轴中的箭头是斜线，为了画好箭头，必须将捕获栅格尺寸减小到 1mil。由于系统默认的绘制直线的拐弯模式为 90°，所以在画箭头时，按 Shift＋Space 组合键将拐弯模式设置为任意角度。完成坐标轴的绘制后再切换回去。完成的坐标轴如图 2-74 所示。

（3）设置直线属性。在电路原理图上双击需要设置属性的直线，系统将弹出设置属性对话框 Poly Line，可以在此对话框中设置直线的有关参数。像编辑元器件属性一样，也可以用 4 种方法弹出这个设置属性对话框，方法与设置导线属性一样，这里略去。

直线属性对话框的设置如下。

◆ Line Width：直线线宽设置。默认是 Small。右边

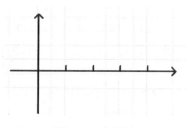

图 2-74　坐标轴

的下拉列表框中有 4 个选项,分别为 Smallest(最小)、Small(小)、Medium(中等)、Large(大)。

◆ Line Style：Solid（实线）、Dashed(虚线)、Dotted(点线)，本项目直线采用虚线。

◆ Color：直线颜色设置，默认是蓝色。单击其右边色块，会弹出设置颜色对话框。它一共提供 240 种颜色,选择好颜色后,单击 OK 按钮即可完成对直线颜色的设置,也可以选择自定义颜色。

(4) 修改直线形状。绘制好一段直线后,若要延长某段直线或者要改变直线上某个拐弯点的位置,可以直接单击该直线,这时,在直线的各个转弯点、起点和终点都会出现绿色的小方块,将光标移到绿色小方块上,按下并拖动即可修改直线上拐弯点的位置。

2) 绘制正弦波

贝塞尔曲线可以用来绘制正弦波、抛物线等曲线。下面以绘制贝塞尔曲线为例来讲解绘制正弦波的过程。

(1) 执行绘制贝塞尔曲线的命令。Altium Designer 21 提供以下 3 种方法绘制贝塞尔曲线。

方法一：利用绘制原理图的绘图工具栏 Drawing,单击绘图工具栏的绘制贝塞尔曲线 ∿ 按钮。

方法二：执行菜单 Place | Drawing Tools | Bezier。

方法三：Place 菜单下的每个命令都有对应的快捷键。根据需要直接按下快捷键,也可以执行相应的绘制操作。使用绘制曲线快捷键 P | D | B。

执行绘制贝塞尔曲线的命令后,光标变成"十"字形状,把"十"字光标移到需要绘制的区域中,单击,确定贝塞尔曲线的起点单击 1 次,拖动,形成一条红色的弧线,在顶中部单击第 2 次,拖动到适当位置再次单击确定该弧线的终点单击 2 次(图 2-75)。单击的位置是有顺序的,在不同的位置单击会得到不同的曲线,如图 2-76 所示。在绘制好上半部后,再绘制下半部。绘制完贝塞尔曲线后,右击或按 Esc 键即可退出绘制贝塞尔曲线的命令状态。

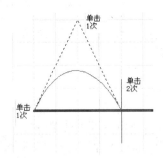

图 2-75　绘制正弦波上半部分

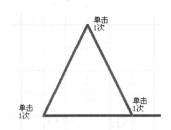

图 2-76　在不同的位置单击会得到不同的曲线

(2) 设置贝塞尔曲线属性。在电路原理图上双击需要设置属性的贝塞尔曲线,系统将弹出设置属性对话框 Bezier,可以在此对话框中设置贝塞尔曲线的有关参数。

贝塞尔曲线属性对话框的设置如下。

◆ Curve Width：曲线线宽设置。默认是 Small。右边的下拉列表框中有 4 个选项,分别为 Smallest(最小)、Small(小)、Medium(中等)、Large(大)。

◆ Line Style：Solid（实线）、Dashed（虚线）、Dotted(点线)。

◆ Color：曲线颜色设置,默认是红色。

（3）修改曲线形状。绘制好一段曲线后,若要延长某段曲线或者要改变曲线上某个拐弯点的位置,可以直接单击该曲线,这时,在曲线的各个转弯点、起点和终点都会出现绿色的小方块,将光标移到绿色小方块上,按下并拖动即可修改曲线上拐弯点的位置。完成绘制的正弦波和坐标轴如图 2-77 所示。

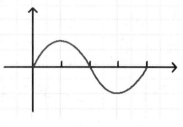

图 2-77　绘制好的正弦波

3）文字注释

在电路原理图中,文本注释是对图形的重要补充说明,在某些关键的引脚信号上添加文字说明,可以增加图纸的可读性,便于技术人员交流。在 Altium Designer 21 中,文字说明可分为文字注释和文本框注释。下面以为正弦波添加文字注释为例。

（1）执行添加文字注释的命令。Altium Designer 21 提供以下 3 种方法添加文字注释。

方法一：利用绘制原理图的绘图工具栏 Drawing,单击绘图工具栏的添加文字注释 T 按钮。

方法二：执行菜单 Place｜Drawing Tools｜Text String。

方法三：Place 菜单下的每个命令都有对应的快捷键。根据需要直接按下快捷键,也可以执行相应的绘制操作。使用绘制曲线快捷键 P｜D｜T。

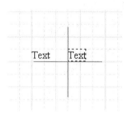

图 2-78　添加文字注释

（2）添加文字注释。执行添加文字注释命令后,光标变成"十"字形状,并带有一个文本字符串,把"十"字光标移到需要添加的区域中,如图 2-78 所示,单击即可放置该文本字符串,右击或按 Esc 键即可退出绘制添加文字注释。

（3）设置文字注释属性。在电路原理图上双击需要设置属性的文字注释,系统将弹出设置文字属性对话框 Annotation,可以在此对话框中设置文字注释的有关参数。

文字注释属性对话框的设置如下。

◆ Location X：文字注释在原理图上的 X/Y 坐标。

◆ Rotation：文字注释在原理图上的放置方向,右边下拉列表框中有 4 个选项 0 Degrees、90 Degrees、180 Degrees、270 Degrees。

◆ Color：文字注释颜色设置。

◆ Text：文字注释的内容。

◆ Font：文字注释字体设置。单击 Change... 按钮,系统弹出设置文字字体对话框,设计者可选择所需的字体。

完成添加文字的正弦波如图 2-79 所示。

至此,单片机数据采集电路原理图设计已完成,保存所有文件。

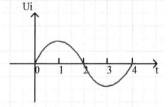

图 2-79　利用贝塞尔曲线绘制的正弦波形

【思考题】

（1）用绘图工具栏画出来的线和导线有区别吗？如果有,区别是什么？

（2）请总结一下原理图的绘图步骤。

（3）能否把单片机数据采集电路中的所有封装全部替换成 3D 插针式封装，并把整块电路板做 3D 显示？

（4）如果需要在原理图中插入一张带有公司或学校 Logo 的图片，应该如何操作？

【能力进阶之实战演练】

（1）绘制如图 2-80 所示的单片机应用电路原理图。

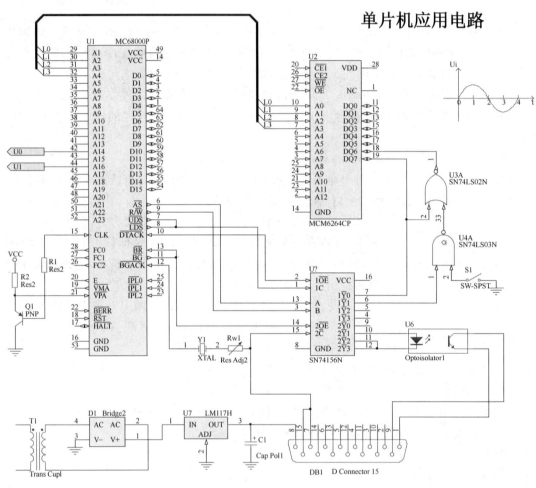

图 2-80　单片机应用电路原理图

（2）绘制如图 2-81 所示的无绳电话收发机电路原理图。无绳电话收发机电路由一个数字无线通信芯片 UAA3545HL 和若干电阻、电容组成。根据厂商提供的 Datasheet（UAA3545.pdf）创建数字无线通信芯片 UAA3545HL，完成该元器件的 Schematic symbol（原理图库符号）的绘制，并编辑其属性，如元器件标号、元器件名称和元器件封装等。

【相关知识点：绘图工具的使用】

前面绘制正弦波用到了 Drawing Tools（绘图工具），其实它除了可以绘制直线、放置文

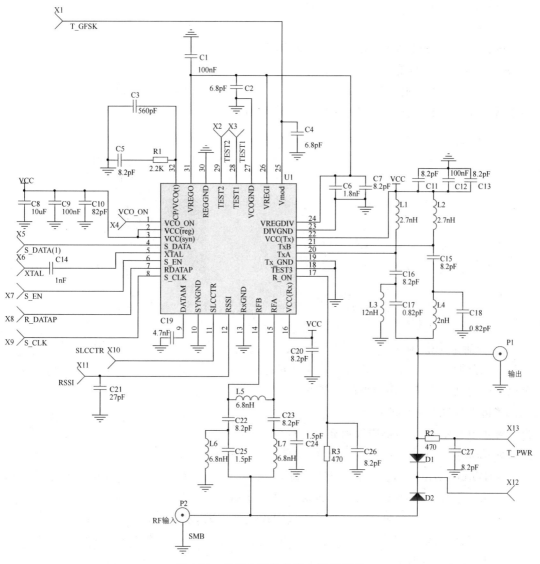

图 2-81　无绳电话收发机电路原理图

本外,还可以绘制多边形、圆弧、曲线等。下面详细介绍绘图工具栏的其他使用方法。

1. 绘制多边形

多边形是指利用光标确定的顶点所构成的封闭区域。Altium Designer 21 可以绘制出任意形状的多边形。下面讲解绘制多边形的过程。

1) 执行绘制多边形的命令

Altium Designer 21 提供 3 种方法绘制多边形。

方法一:利用绘制原理图的绘图工具栏 Drawing,单击绘图工具栏的绘制多边形 ⬡ 按钮。

方法二:执行菜单 Place | Drawing Tools | Polygon。

方法三:Place 菜单下的每个命令都有对应的快捷键。根据需要直接按下快捷键,也可以执行相应的绘制操作。使用绘制多边形快捷键 P｜D｜Y。

2）绘制多边形

执行绘制多边形的命令后，光标变成"十"字形状，把"十"字光标移到需要绘制的区域中，如图 2-82 所示，单击，确定多边形的第一个顶点，拖动并单击，形成多边形的一个顶点，右击或按 Esc 键即可退出绘制多边形的命令状态。系统自动把多边形的第一个顶点和最后一个顶点连接起来，构成了一个封闭的多边形，如图 2-83 所示。

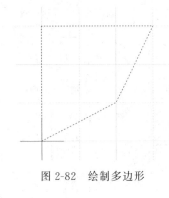 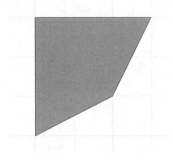

图 2-82　绘制多边形　　　　　　　图 2-83　绘制好的多边形

3）设置多边形属性

在电路原理图上双击需要设置属性的多边形，系统将弹出的设置属性对话框 Polygon，可以在此对话框中设置多边形的有关参数。

多边形属性对话框的设置如下。

◆ Fill Color：多边形内部填充的颜色设置，默认是灰色。

◆ Border Color：多边形框填充的颜色设置。默认是蓝色。

◆ Border Width：边框宽度设置。默认是 Smallest。右边的下拉列表框中有 4 个选项，分别为 Smallest（最细）、Small（细）、Medium（中等）、Large（粗）。

◆ Draw Solid 实心填充复选框：当选中该复选框时，多边形内部用 Fill Color 中设置的颜色填充。

4）修改多边形形状

绘制好一个多边形后，若要改变某个多边形的大小，可以直接单击该多边形，这时，在多边形的各个顶点上都会出现绿色的小方块，将光标移到绿色小方块上，按下并拖动即可修改多边形上顶点的位置。

2. 绘制矩形

除了多边形外，Altium Designer 21 还提供了几种绘制封闭区域的工具，如矩形、椭圆、圆、饼图。这几种工具的使用方法类似，下面讲解绘制矩形的过程。

1）执行绘制矩形的命令

Altium Designer 21 提供以下 3 种方法绘制矩形。

方法一：利用绘制原理图的绘图工具栏 Drawing，单击绘图工具栏的绘制矩形 ▨ 按钮。

方法二：执行菜单 Place｜Drawing Tools｜Rectangle。

方法三：Place 菜单下的每个命令都有对应的快捷键。根据需要直接按下快捷键，也可

以执行相应的绘制操作。使用绘制多边形快捷键 P | D | R。

2）绘制矩形

执行绘制矩形的命令后,光标变成"十"字形状,并带有一个矩形框。把"十"字光标移到需要绘制的区域中,单击,确定矩形的第一个顶点,拖动并单击,形成矩形的另一个顶点,即可在电路图上绘制出一个矩形,如图 2-84 所示。右击或按 Esc 键即可退出绘制矩形的命令状态。绘制好的矩形如图 2-85 所示。

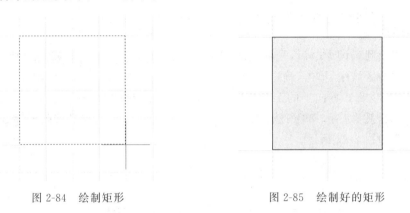

图 2-84　绘制矩形　　　　　　　　　　　图 2-85　绘制好的矩形

3）设置矩形属性

在电路原理图上双击需要设置属性的矩形,系统将弹出设置属性对话框 Rectangle,可以在此对话框中设置矩形的有关参数。

矩形属性对话框的设置如下。

◆ Fill Color:矩形内部填充的颜色设置,默认是黄色。

◆ Border Color:矩形框填充的颜色设置。默认是黑色。

◆ Border Width:边框宽度设置。默认是 Smallest。右边的下拉列表框中有 4 个选项,分别为 Smallest(最细)、Small(细)、Medium(中等)、Large(粗)。

◆ Draw Solid 实心填充复选框:当选中该复选框时,矩形内部用 Fill Color 中设置的颜色填充。

◆ Location X1:矩形在原理图上的 X1 坐标。

◆ Location Y1:矩形在原理图上的 Y1 坐标。

◆ Location X2:矩形在原理图上的 X2 坐标。

◆ Location Y2:矩形在原理图上的 Y2 坐标。

4）修改矩形大小

绘制好一个矩形后,若要改变某个矩形的大小,可以直接单击该矩形,这时,在矩形的各个顶点上都会出现绿色的小方块,将光标移到绿色小方块上,按下并拖动即可修改矩形上顶点的位置。

3. 绘制曲线

Altium Designer 21 提供了两种曲线,除了贝塞尔曲线外,还有椭圆弧。下面讲解绘制椭圆弧。

1) 执行绘制椭圆弧的命令

Altium Designer 21 提供 3 种方法绘制椭圆弧。

方法一：利用绘制原理图的绘图工具栏 Drawing,单击绘图工具栏的绘制椭圆弧 ⓔ 按钮。

方法二：执行菜单 Place | Drawing Tools | Eliptical Arcs。

方法三：Place 菜单下的每个命令都有对应的快捷键。根据需要直接按下快捷键,也可以执行相应的绘制操作。使用绘制曲线快捷键 P | D | A。

2) 绘制椭圆弧

执行绘制椭圆弧的命令后,光标变成"十"字形状,并带有一个椭圆弧框。把"十"字光标移到需要绘制的区域中,单击,确定椭圆弧的中心点,拖动并单击,形成椭圆弧在 X 方向上的一个顶点,再形成 Y 方向上的一个顶点,最后确定椭圆弧的两个端点。这样就在图纸上绘制出一个椭圆弧,如图 2-86 所示。右击或按 Esc 键即可退出绘制椭圆弧的命令状态。绘制好的椭圆弧如图 2-87 所示。

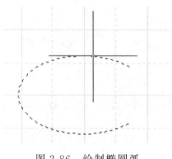

图 2-86　绘制椭圆弧

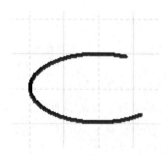

图 2-87　绘制好的椭圆弧

3) 设置椭圆弧属性

在电路原理图上双击需要设置属性的椭圆弧,系统将弹出设置属性对话框 Eliptical Arcs,可以在此对话框中设置椭圆弧的有关参数。

椭圆弧属性对话框的设置如下。

◆ Line Width：直线线宽设置。默认是 Small。右边的下拉列表框中有 4 个选项,分别为 Smallest(最小)、Small(小)、Medium(中等)、Large(大)。

◆ X-Radius：椭圆弧 X 轴方向上的半径。

◆ Y-Radius：椭圆弧 Y 轴方向上的半径。若 X-Radius 和 Y-Radius 中数值一致,则绘制出一个圆形。

◆ Start Angle：椭圆弧起始位置。

◆ End Angle：椭圆弧终止位置。若 Start Angle 和 End Angle 中数值一致,则绘制出一个封闭图形。

◆ Location X：椭圆弧在原理图上的 X 坐标。

◆ Location Y：椭圆弧在原理图上的 Y 坐标。

◆ Color：矩形内部填充的颜色设置,默认是蓝色。

4) 修改椭圆弧大小

绘制好一个椭圆弧后,若要改变某个椭圆弧的大小,可以直接单击该椭圆弧,这时,在椭圆弧的各个顶点上都会出现绿色的小方块,将光标移到绿色小方块上,按下并拖动即可修改椭圆弧上顶点的位置。

4. 粘贴 Logo

为了使原理图个性化或者带有公司的标记,有时需要在原理图上粘贴图片。下面讲解粘贴图片的过程。

1) 执行粘贴图片的命令

Altium Designer 21 提供 3 种方法粘贴图片。

方法一:利用绘制原理图的绘图工具栏 Drawing,单击绘图工具栏的粘贴图片 打开(O) 按钮。

方法二:执行菜单 Place | Drawing Tools | Graphic。

方法三:Place 菜单下的每个命令都有对应的快捷键。根据需要直接按下快捷键,也可以执行相应的绘制操作。使用粘贴图片的快捷键为 P | D | G。

2) 粘贴图片

执行粘贴图片的命令后,光标变成"十"字形状,把"十"字光标移到适当的位置中,单击,确定图片放置的第一个顶点,拖动并单击,形成图片放置的另一个顶点,如图 2-88 所示。同时系统弹出"打开"对话框,选择要粘贴的图片,然后单击 打开(O) 按钮确认,即可在电路图上粘贴图片。右击或按 Esc 键即可退出粘贴图片的命令状态。

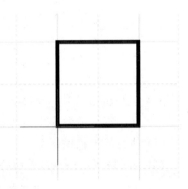

图 2-88　粘贴图片时的方框

3) 设置图片属性

在电路原理图上双击需要设置属性的图片,系统将弹出设置属性对话框 Graphic,可以在此对话框中设置图形的有关参数。

图形属性对话框的设置如下。

◆ File Name 文本框:要粘贴的图片路径和名称。单击右边的 Browse 按钮可以选择图片。

◆ Border Color:矩形框填充的颜色设置。默认是黑色。

◆ Border Width:边框宽度设置。默认是 Smallest。右边的下拉列表框中有 4 个选项,分别为 Smallest(最细)、Small(细)、Medium(中等)、Large(粗)。

◆ Embedded 复选框:当选中该复选框时,将图片嵌入原理图中。

◆ BorderOn 复选框:当选中该复选框时,则图片有边框。

◆ X:Y Ratio 1:1 复选框:当选中该复选框时,则图片的宽高比锁定 1:1。

◆ Location X1:图片在原理图上的 X1 坐标。

◆ Location Y1:图片在原理图上的 Y1 坐标。

◆ Location X2:图片在原理图上的 X2 坐标。

◆ Location Y2:图片在原理图上的 Y2 坐标。

按照以上要求操作后,粘贴图片后的结果如图 2-89 所示。

5. 阵列粘贴

有时,在一张原理图中有较多的同一类元器件,一个一个放置比较费时间,设计者可以

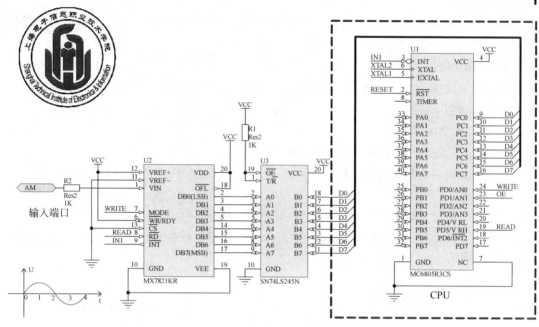

图 2-89　粘贴图片后的效果

采用阵列粘贴的方式快速解决问题。下面讲解阵列粘贴的方法。

（1）在图纸上放置一个发光二极管并执行一次复制发光二极管的命令。

（2）执行阵列粘贴的命令。

执行阵列粘贴命令后，系统弹出如图 2-90 所示的设置阵列粘贴属性对话框。

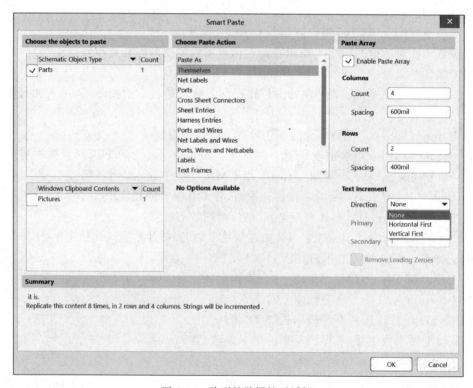

图 2-90　阵列粘贴属性对话框

（3）设置阵列粘贴属性。设置元器件阵列粘贴的属性如下。

◆ Count：复制对象的数量。

◆ Text Increment：序号增量，复制对象序号的增量值。此值可设定序号递增（正值）或递减（负值）。

◆ Spacing：对象之间的间距。

◆ Horizontal First：放置对象在水平方向上的偏移量，优先水平方向。

◆ Vertical First：放置对象在垂直方向上的偏移量，优先垂直方向。

参数设置好后，单击 OK 按钮。系统将完成阵列式粘贴操作。发光二极管按水平间距 40mil，垂直间距 20mil 放置 6 次，使用阵列粘贴参数设置和阵列粘贴后的效果，如图 2-91 所示。

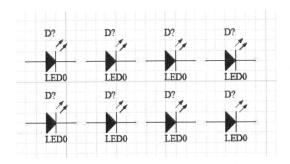

图 2-91 二极管阵列粘贴实例

实训任务 2-6 调制信号放大电路——层次原理图

任务 2-6
调制信号
放大电路

【实训目标】

（1）了解主电路图、子电路图的概念。

（2）掌握层次原理图的绘制方法。

【课时安排】

2 课时。

【任务情景描述】

调制信号放大电路层次原理图绘制设计要求如下。

（1）绘制调制信号放大电路主电路图，如图 2-92 所示。

（2）绘制放大电路子电路图，如图 2-93 所示。

（3）绘制调制电路子电路图，如图 2-94 所示。

（4）实现子电路图和主电路图的层次切换。

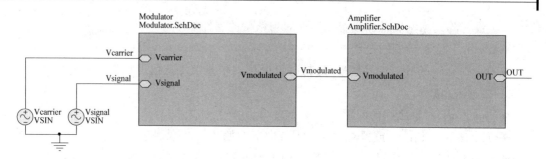

图 2-92 调制信号放大电路主电路

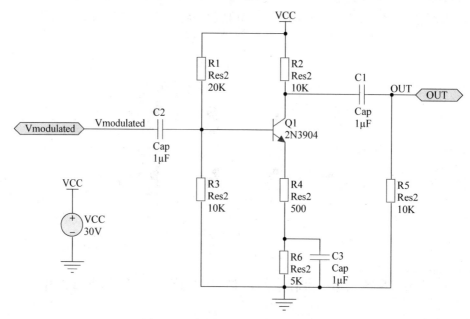

图 2-93 放大电路(Amplifier)子电路

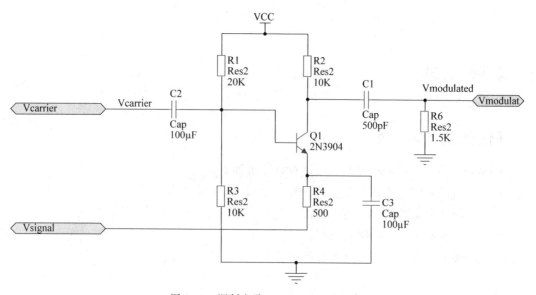

图 2-94 调制电路(Modulator)子电路

【任务分析】

前面介绍了一般电路原理图的设计方法,即整个电路原理图绘制在一张图纸上,这种方法适合于规模小、系统简单的电路设计。本项目是一个层次原理图,层次原理图设计在大规模电路设计中,特别是超大集成电路设计过程中十分有用。当设计大型的、复杂的电路图时,如果将整个电路图绘制在一张图纸上,会使图纸变得既复杂又不利于查错,也不利于团队中多人参与。层次原理图的模块化设计方法,可以使电路图概念清晰、结构明了、设计和修改方便。本项目结合一个仿真调制放大电路来讲解如何绘制层次原理图。

【操作步骤】

层次原理图的设计思路是把整个项目原理图用若干个子电路图表示。Altium
Designer 21 采用主电路图和子电路图的方法表达整个项目原理图中各个子电路图之间的连接关系。层次式电路主要包括两大部分:主电路图和子电路图。主电路图是由方块电路、方块电路端口、连接导线组成的。一个方块电路代表一张子电路图,它相当于封装了子电路图中的所有电路和元器件,从而把一张子原理图简化为一个方块符号。其中主电路图与子电路图的关系是父电路与子电路的关系,在子电路图中仍可包含下一级子电路。层次原理图的相关符号如图 2-95 所示。

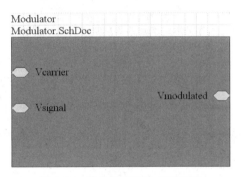

图 2-95 层次原理图的相关符号

1. 主电路图

主电路图的文件扩展名是.SchDoc。主电路图相当于整个电路图中的方框图,一个方块图相当于一个模块,图中的每一个模块都对应着一个具体的子电路图。本案例中主电路图命名为 main.SchDoc。

2. 子电路图

子电路图文件的扩展名是.SchDoc。一般,子电路图都是一些具体的电路原理图。子电路图与主电路图的连接是通过方块图中的 I/O 端口实现的。如图 2-93 和图 2-94 所示为方块图对应的子电路图。本案例中子电路图分别命名为 Amplifier.SchDoc 和 Modulator.SchDoc。

3. 图纸入口

一个图纸符号代表一张子电路图,而图纸入口则代表了一个子电路图和其他子电路图相连接的端口。

4. 网络标号

网络标号在不同层次的电路原理图中起电气连接的作用,标有相同网络标号的元器件引脚、导线等在电气上是连接在一起的。

5. I/O 端口

在与图纸符号相对应的子电路图中必须有 I/O 端口与图纸符号中的图纸入口相对应,两者必须同名。I/O 端口一般用在子电路图中,在同一个项目中,同名的 I/O 端口之间,在电气上是相互连接的。

6. 不同层次电路文件之间的切换

在设计层次原理图时,原理图的张数很多,所以需要在多张原理图之间进行切换。例如从主电路图中的方块电路符号切换到对应的子电路图。下面介绍层次原理图的切换方法。

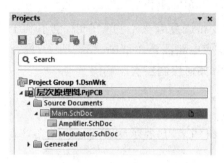

图 2-96　利用工程项目面板进行切换

1) 利用工程项目面板进行切换

打开"调制放大电路. PrjPCB"工作面板,单击"层次原理图"文件前的"＋"号,即可展开整个工程的树状目录,如图 2-96 所示。单击项目面板中的文件名或文件名前面的图标,就可以打开相应层次的原理图文件。

2) 利用工具栏或菜单命令

（1）从方块图(主电路图)查看子电路图的操作步骤如下。

① 打开方块图电路文件。

② 单击主工具栏上的 🔼🔽 按钮,或执行菜单命令 Tools|Up/Down Hierarchy,光标变成"十"字形。

③ 在准备查看的方块图上单击图纸入口,如图 2-97 所示,则系统立即切换到该方块图对应的子电路图上,如图 2-98 所示。

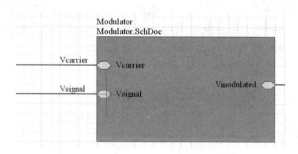

图 2-97　单击主电路图的图纸入口

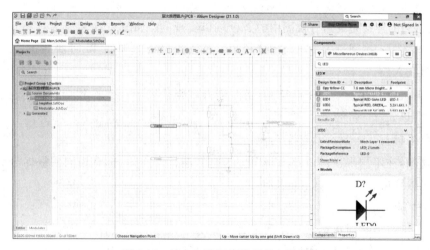

图 2-98　从主电路图切换到子电路图

从主电路图切换到子电路图后,图形被雾化锁定了,不能编辑操作,这时,右击图形,系统弹出如图 2-99 所示的环境列表菜单,选择 Clear Filter 选项,模糊状态立即消失,设计者又可对原理图进行编辑操作了。

（2）从子电路图查看方块图（主电路图）的操作步骤如下。

① 打开子电路图文件。

② 单击主工具栏上的 按钮,或执行菜单命令 Tools|Up/Down Hierarchy,光标变成"十"字形。

③ 在子电路图的端口上单击图纸入口,如图 2-100 所示,则系统立即切换到主电路图,该子电路图所对应的方块图位于编辑窗口中央,且单击过的端口处于聚焦状态,经放大后如图 2-101 所示。

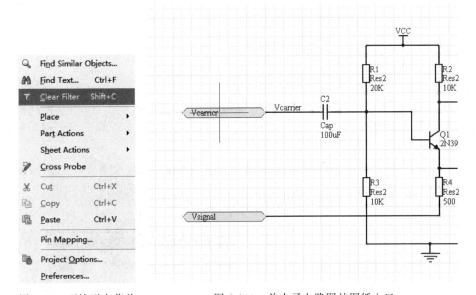

图 2-99　环境列表菜单　　　　　　图 2-100　单击子电路图的图纸入口

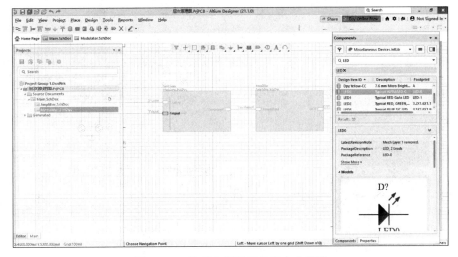

图 2-101　从子电路图切换到主电路图

7. 自顶向下的层次原理图设计

层次原理图的设计有两种方法：一种是从顶层开始，然后向底层设计逐步分析，称为自顶向下的层次原理图设计方法（Top Down）；另一种是从底层设计开始，然后向上综合，称为自底向上的层次原理图设计方法（Bottom Up）。自顶向下的层次原理图的设计方法是：把系统划分为各个不同功能的模块，再根据系统的层次结构绘制层次原理图的主电路图，然后根据主电路图中的各个方块电路绘制出相应的各个子电路图。这些主电路和子电路文件都要保存在一个专门的文件夹中。下面介绍自顶向下的设计方法。

（1）建立一个项目文件夹，并改名为层次原理图。

（2）绘制层次原理图主电路图。

① 建立一个新的工程。执行菜单命令 File | New | PCB Project，保存为"调制放大电路.PrjPCB"。再新建一个原理图文件，执行菜单命令 File | New | Schematic，保存为 Main.SchDoc。Main.SchDoc 即为主电路图。

② 在新建好的原理图上放置方块电路。

方法一：单击布线工具栏上的放置方块电路  按钮。

方法二：执行菜单命令 Place | Sheet Symbol。

执行命令后，在原理图中放置两个方块电路符号，如图 2-102 所示，分别在对角位置单击，确定方块电路图的大小。当所有的方块电路放置完成后，右击或按下 Esc 键即可退出方块电路的放置。

③ 设置方块电路属性。双击需要设置属性的方块电路，或在绘制方块电路的命令状态下按 Tab 键，系统弹出设置方块电路属性对话框 Sheet Symbol，如图 2-103 所示。设计者可以在此对话框内设置有关参数。

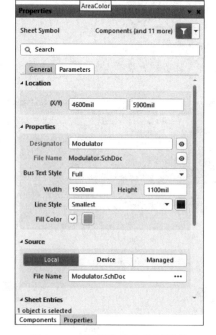

图 2-102 放置方块电路   图 2-103 设置方块电路图属性

方块电路属性的主要参数的意义如下。

◆ Location(X/Y)：方块电路在原理图上的 X/Y 坐标。

◆ Designator：设置方块电路的序号，和元器件标号相似，不能有重名。

◆ File Name：填写该方块电路所代表的下层子原理图的文件名，以.SchDoc 为后缀。

◆ Fill Color：方块电路内部颜色填充。

④ 放置方块电路端口。单击 Wiring Tools 工具栏中的 ▣ 按钮，或执行菜单命令 Place|Add Sheet Entry，光标变成"十"字形。将"十"字光标移到方块图上单击，出现一个浮动的方块电路端口，此端口随光标的移动而移动，如图 2-104 所示。

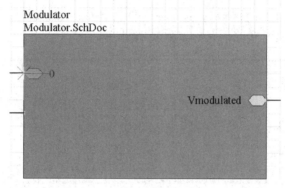

图 2-104　放置方块电路端口

根据模块化电路设计的要求，在方块电路上的每一个端口都与其对应方块电路上的一个端口所对应。

⑤ 设置方块电路端口属性。双击需要设置属性的方块电路端口，或在绘制方块电路端口的命令状态下按 Tab 键，系统弹出设置方块电路属性对话框 Sheet Entry，如图 2-105 所示，设计者可以在此对话框内设置有关参数。

方块电路端口属性的主要参数的意义如下。

◆ Name：方块电路端口所代表的网络名。

◆ I/O Type：输入/输出端口类型，作为检测系统电气规则的依据。端口类型共有4 种，分别为 Unspecified(未定义端口)、Output(输出端口)、Input (输入端口)、Bidirectional(双向端口)。

◆ Border Color：方块电路端口边框颜色设置。

◆ Fill Color：方块电路端口内部颜色填充。

⑥ 连接各方块电路。在所有的方块电路及端口都放置好以后，用导线或总线进行连接具有

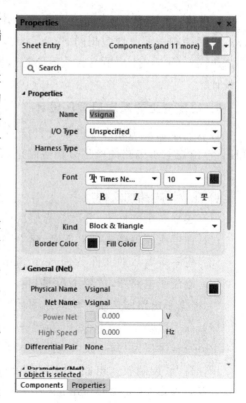

图 2-105　设置方块电路端口属性

电气意义的方块电路端口,这样,就完成了层次原理图的主电路图。随后的工作就是绘制主电路图中每一个方块电路符号对应的层次原理图的子电路图。子电路图中也可以包含方块电路符号,成为二级子电路图。如果子电路图中没有方块电路,则是一张普通的原理图。

(3)设计子电路图。子电路图除了可以用建立新文件的方法建立外,也可以根据主电路图中的方块电路,利用有关命令自动建立。通过新建文件的绘制方法和新建普通原理图的方法一样。下面介绍通过方块电路自动生成的操作方法。

① 在主电路图中执行菜单命令 Design|Create Sheet From Symbol,光标变成"十"字形。将"十"字光标移到名为 Main 的方块电路上。

② 系统自动生成名为 Modulator.SchDoc 的子电路图,且自动切换到 Modulator.SchDoc 子电路图,如图 2-106 所示。这个新文件已经布好与方块电路相对应的 I/O 端口,它们与方块电路端口具有相同的名称和输入/输出方向。

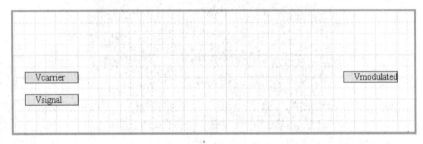

图 2-106　自动生成的子电路图 Modulator.SchDoc

③ 在自动生成的子电路图中添加元器件和连线,绘制 Modulator 模块的内部电路。具体方法与绘制一般原理图相同。

用同样的方法生成所有方块电路符号所代表的子电路图后,就完成了整个层次原理图的设计。

8. 自底向上的层次原理图设计

自底向上的层次原理图的设计方法是:不清楚每个模块到底有哪些端口,先设计子电路图,再由这些子电路图产生方块电路进而产生上层主电路图。下面介绍自底向上的设计方法。

1)建立子电路图文件

(1)建立一个文件夹,并改名为层次原理图。

(2)在层次原理图文件夹下面,建立一个新的原理图文件。

(3)将系统默认的文件名 Sheet1.Schematic 改为 Modulator.SchDoc。

(4)绘制子电路图,放置 I/O 端口。

2)根据子电路图产生方块电路图

(1)在层次原理图文件夹下,新建一个工程项目文件,建立一个新的工程。File|New|PCB Project,保存为"调制放大电路.PrjPCB"。

(2)打开"调制放大电路.PrjPCB"文件。执行菜单命令 Design|Create Symbol From Sheet,系统弹出 Choose Document to Place 对话框,在对话框中列出了当前目录中所有原理图文件名。

（3）选择准备转换为方块电路的原理图文件名，如 Modulator. SchDoc，单击 OK 按钮，系统生成方块电路。

在合适的位置单击，即放置好 Modulator. SchDoc 所对应的方块电路。在该方块图中已包含 Modulator. SchDoc 中所有的 I/O 端口，无须自己进行放置，自动生成的调制电路子电路方块图如图 2-107 所示。

（4）对已放置好的方块电路进行编辑。完成结果如图 2-108 和图 2-109 所示。

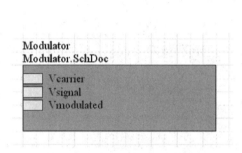

图 2-107　自动生成的调制电路子
电路方块图

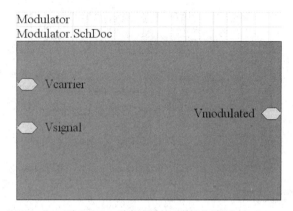

图 2-108　编辑调制电路子电路图

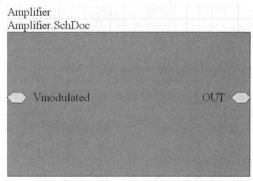

图 2-109　编辑放大电路子电路图

（5）用导线和总线等工具绘制连线，即完成了从子电路图产生方块电路的设计。
至此，调制信号放大电路原理图设计已完成，再保存所有文件。

【思考题】

（1）为什么需要设计层次原理图？
（2）简述绘制层次原理图的步骤。

【能力进阶之实战演练】

（1）绘制如图 2-110 所示的信号发生器电路层次原理图主电路图。图 2-111 为方波发生电路图，图 2-112 为三角波发生电路图，图 2-113 为正弦波发生电路图。

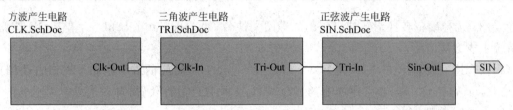

图 2-110   信号发生器主电路图

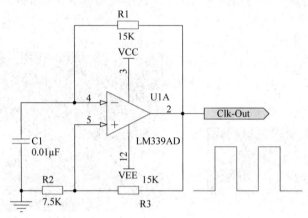

图 2-111   方波发生电路图

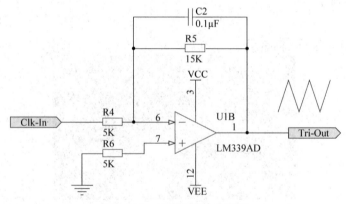

图 2-112   三角波发生电路图

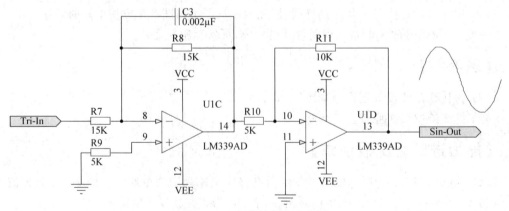

图 2-113   正弦波发生电路图

（2）绘制如图 2-114 所示的声光报警电路原理图，并使用自底向上的方法绘制，将其改画为层次原理图，其中，图 2-115 为主电路，图 2-116 为 XTAL 子电路，图 2-117 为 SOUND 子电路，图 2-118 为 CPU 子电路，图 2-119 LED 子电路，图 2-120 为 RESET 子电路。

（3）绘制如图 2-121 所示蓝牙电路原理图，注意 Hamess 线的画法。

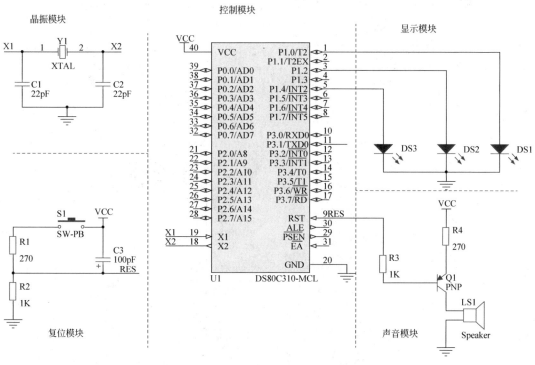

图 2-114　声光报警总电路

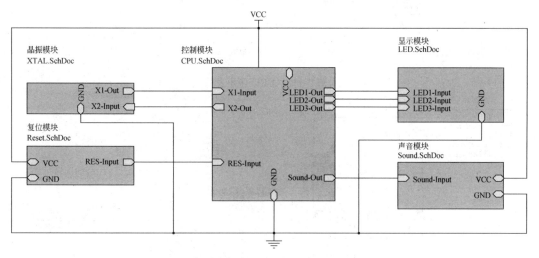

图 2-115　主电路

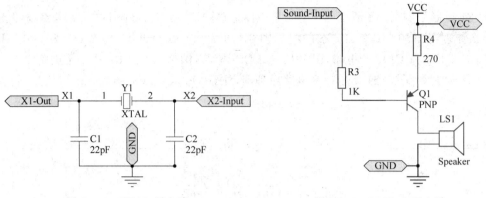

图 2-116　XTAL 子电路

图 2-117　SOUND 子电路

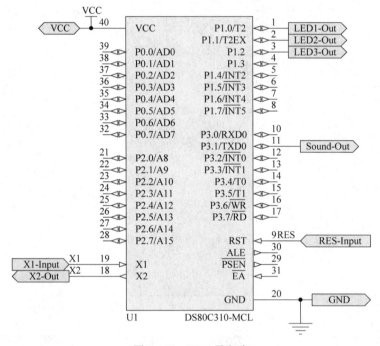

图 2-118　CPU 子电路

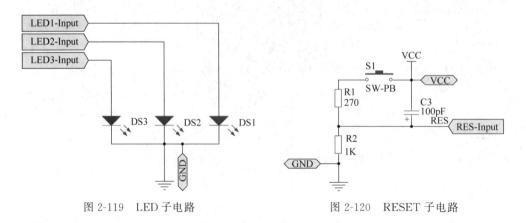

图 2-119　LED 子电路

图 2-120　RESET 子电路

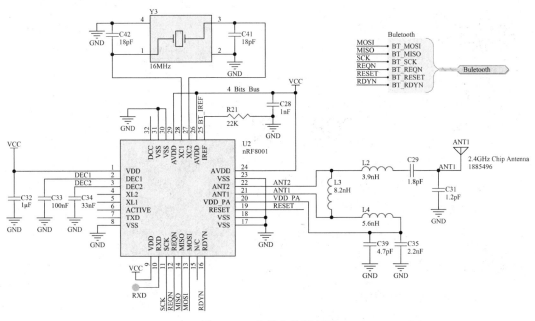

图 2-121 蓝牙电路原理图

项目 3

PCB 设 计

【项目目标】

（1）能根据要求绘制板框。
（2）能手工布线设计 PCB 双面板。
（3）能手工布线设计 PCB 单面板。
（4）能自动布线设计 PCB 双面板。
（5）能自动布线设计 PCB 单面板。
（6）能设置设计规则。
（7）能生成各种工艺文件。

任务 3-1
两级放大器
电路 PCB
设计

实训任务 3-1　两级放大器电路 PCB 设计——全手工设计双面电路板

【实训目标】

（1）了解各板层的意义。
（2）新建 PCB 文件。
（3）根据要求绘制单层板框。
（4）元器件布局，手工双面板布线。

【课时安排】

2 课时。

【任务情景描述】

如图 3-1 所示为两级放大电路原理图，下面以此为例讲解全手工绘制 PCB 双面板的方法。

两级放大电路 PCB 设计要求如下。
（1）使用双面电路板。
（2）电路板的板框尺寸大小为 1500mil×1200mil，并进行标注。

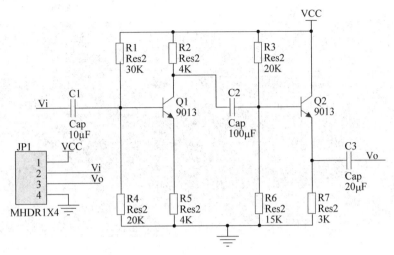

图 3-1　两级放大电路原理图

（3）电源和地线的铜膜走线线宽为 30mil，一般布线的宽度为 10mil。

（4）人工放置元器件封装，并排列整齐。

（5）人工连接铜膜走线，尽量不使用过孔，布线时考虑顶层走水平线，底层走垂直线。

【任务分析】

手工绘制电路板是十分耗时的，但是掌握手工绘制电路板的本领是非常必要的，这是绘制电路板的基础。无论多么好的设计电路板的软件，都需要手工布线对 PCB 进行干预。全手工绘制电路板需要掌握各种对象的放置、编辑和各种菜单命令的使用。本任务通过设计一个两级放大电路来熟练掌握手工绘制双面 PCB 的流程。涉及的主要知识点有 PCB 规划、元器件布局、手工布线、熟悉放置工具栏等。

全手工绘制电路板一般遵循以下步骤。

（1）启动 Altium Designer 21，新建项目，绘制原理图。

（2）建立新的电路板文件。

（3）在禁止布线层（Keep-Out Layer）定义电路板的板框尺寸。

（4）将元器件封装一个一个地放置到电路板图上，并排列整齐。

（5）用布线工具绘制导线，对于双面板，需要在绘制导线过程中切换电路板层。

（6）保存并输出打印。

【操作步骤】

1. 准备工作

新建项目、原理图文件、PCB 文件并绘制好原理图，所有文件全部归档在两级放大电路文件夹中。

进入 Altium Designer 21 主窗口，新建工程项目后，再执行菜单命令 File | New | PCB，系统自动产生一个 PCB 文件，默认文件名为 PCB1、PcbDoc，并进入 PCB 设计环境，PCB 设计环境与 Windows 资源管理器的风格类似，如图 3-2 所示。

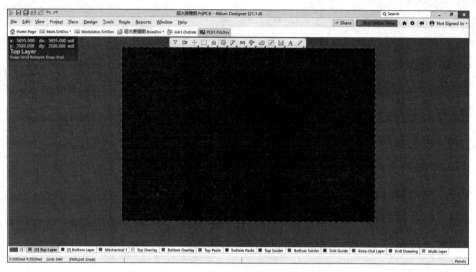

图 3-2　PCB 设计环境

1）主菜单

PCB 编辑器的主菜单与原理图编辑器的主菜单基本相似，操作方法也类似，不同的是 PCB 编辑器提供了许多用于 PCB 编辑操作的功能选项。在绘制电路原理图时，主要是完成元器件的连接与属性编辑，而在进行 PCB 设计时主要是对元器件的封装、焊盘、过孔、导线进行操作编辑。

2）工具栏

PCB 编辑器的工具栏主要有 PCB 标准工具栏、布线工具栏和实用工具栏等。其中，实用工具栏包括实用工具、调准工具、查找工具、放置工具、放置 ROOM 工具及网格工具 6 个工具。PCB 编辑器以图示的方式列出常用工具。这些常用工具都可以从主菜单栏中的下拉菜单里找到相应命令。执行菜单命令 View｜Toolbars，可以打开或关闭相应的工具栏。

2. 规划电路板尺寸

规划电路板尺寸有 3 种方法：第 1 种方法采用 PCB 向导规划，此方法快捷，易于操作，是一种较为常用的方法；第 2 种方法为新建 PCB 文件后，在机械层手工绘制电路板边框，在禁止布线层手工绘制布线区，标注尺寸，该方法比较复杂，但灵活性较大，可以绘制较为特殊的电路板；第 3 种方法是导入由 AutoCAD 绘制的 DXF 或 DWG 文件。因第 2 种方法灵活性大，故本电路板采用第 2 种方法。

在打开的 PCB 文件中，选择 Keep-Out Layer（禁止布线层），执行菜单命令 Edit｜Origin｜Set，或者单击布线工具栏的 按钮，在 PCB 编辑区任意处单击，作为 PCB 板框的相对原点。设计者可利用坐标关系来绘制 PCB 电路板板框。执行菜单命令的画线命令 Place｜Keepout｜Track，切换到英文输入状态，按住 J＋L 快捷键，系统弹出 Jump To Location 对话框，如图 3-3 所示。在图 3-3 中输入第一个坐标点(0,0)；三次回车后输入第二个坐标点(1500,0)；三次回车后输入第三个坐标点(1500,1200)；三次回车后输入第四个坐标点(0,1200)；最后回

图 3-3　跳转位置对话框

到最初原点(0,0)。这样就绘制出一个 1500mil×1200mil 的板框,如图 3-4 所示。单击绘图工具栏的 ✐ 按钮,可以对板框进行标注。绘制并已标注的板框如图 3-5 所示。通过 Keep-Out Layer 绘制的框的大小即为电路板的大小,是电路板的电气外形;在 Mechanical Layer 中定义的是电路板的机械外形尺寸。

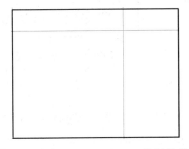

图 3-4　通过 Keep-Out Layer 绘制的板框

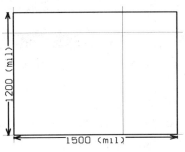

图 3-5　对板框进行标注

3. 绘制 PCB

确定元器件封装虽然是在原理图绘制过程中完成的,但对于 PCB 的制作至关重要,PCB 中载入的 PCB 元器件就是根据原理图中确定的引脚封装,从封装库中调出而形成的,因此原理图元器件、原理图元器件的连接关系和 PCB 的引脚封装、PCB 板铜箔走线是一一对应的,只是两者的表达方式和侧重点不同,原理图采用"原理图符号"和清晰明了的连线表达电路的工作原理和信号处理过程,重点在于表达电路的结构、功能,便于电路讲解和分析。而 PCB 是通过"引脚封装"和实际铜箔导线实现原理图的具体功能,重点在于元器件的安装、焊接、调试等,所以在由原理图绘制逐步转入 PCB 级设计时,必须以原理图为依据,结合原理图综合考虑 PCB 元器件的布局和布线。

1) 放置元器件封装

设置好板框尺寸后,把元器件封装直接放置在 PCB 上。两级放大电路的元器件参数如表 3-1 所示。

表 3-1　两级放大电路的元器件参数表

元器件名称	标号	封装	元器件所在库	说明
RES	R1~R7	AXIAL0.4	Miscellaneous Devices.IntLib	电阻
CAP	C1~C3	RAD0.1	Miscellaneous Devices.IntLib	电容
NPN	Q1~Q2	BCY-W3/D4.7	Miscellaneous Devices.IntLib	三极管
MHDR1X4	JP1	HDR1X4	Miscellaneous Connectors.IntLib	接插件

对照两级放大电路原理图,单击 Components 面板,选择 Miscellaneous Devices.IntLib 元器件库,可以在库面板中直接选取电阻元件,也可以选中 Footprints 选项,选取电阻封装 AXIAL0.4,电容封装 RAD0.1。放置到 PCB 编辑区时系统会弹出如图 3-6 所示对话框。

按 Esc 键可退出元器件封装的放置。所有元器件封装放置完成后保存文档,进入下一步设计。

2) 元器件布局

依照图 3-7 对元器件进行布局,元器件排列整齐,接插件 JP1 置于 PCB 左上侧。

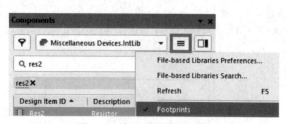

图 3-6　放置元器件对话框

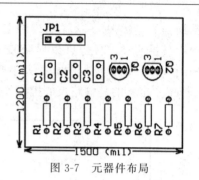

图 3-7　元器件布局

3）手工布线

手工布线需要执行 Place | Line 菜单命令或者单击 Place 工具栏上的 ╱ 按钮，如图 3-8 所示。右击常用工具栏图标下的黑三角形，即可展开相应属性的工具。

图 3-8　常用工具栏

首先单击 Place 工具栏上的 ╱ 按钮，光标变成"十"字形状。然后将光标放置到铜膜走线的起点，单击，就可以拉出一根线，若需要拐弯就依次单击，结束画线只需要单击一次，再右击一次。若在走线过程中按空格键，则可以改变走线方式。

在绘制铜膜走线时，如果需要拐弯，单击确定铜膜走线的拐弯位置，同时按 Shift＋Space 组合键切换选择铜膜走线的拐弯模式。Altium Designer 21 提供 5 种拐弯模式，分别是直线 45°、弧线 45°、直线 90°、弧线 90°和任意斜线，具体采用什么走线方式，设计者可以根据实际需要决定，通常建议使用直线 45°的走线方式。

布线的时候，可以通过小键盘上的"＋""－"和"＊"符号切换板层，"＋""－"是在当前所有板层中依次切换，"＊"仅在信号层中切换。当更换板层后需要手工放置过孔。对照原理图，直到把所有的元器件引脚都连接上为止，这项工作需要细心，并反复检查。

双击电源线和接地线，系统弹出对话框，在 Width 选项框中输入 30mil，对电源线和接地线进行加粗。

设置导线的操作都可以在导线属性对话框中完成，如图 3-9 所示。

完成手工布线的 PCB 图如图 3-10 所示。

4）3D 效果图

执行 View | 3D Layout Mode 命令，系统弹出 3D 效果图，如图 3-11 所示。设计者可以

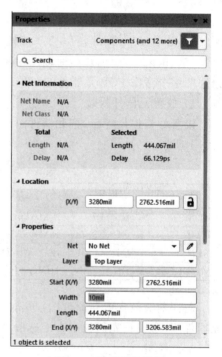

图 3-9　导线属性设置

根据3D效果图检查元器件封装是否正确,元器件之间的安装是否有干扰、是否合理等。

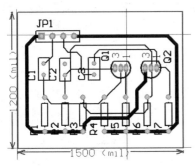

图 3-10　完成手工布线的 PCB 图

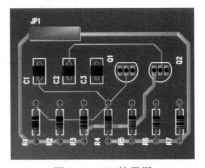

图 3-11　3D 效果图

【思考题】

(1) PCB 的含义是什么? PCB 是做什么用的?

(2) PCB 是如何演变的?

(3) 请简述 PCB 的制作流程。

(4) 现在国内比较流行的制作印制电路板的软件有哪些?

(5) 如何成为一名优秀的 PCB LAYOUT(印制电路板版图设计)工程师?

【能力进阶之实战演练】

(1) 如图 3-12 所示为时基 555 单稳态多谐振荡电路,请全手工布线绘制双面板,电路板板框尺寸大小为 2200mil×2000mil,并进行标注。电源和地线的线宽为 40mil,一般布线的宽度为 10mil。

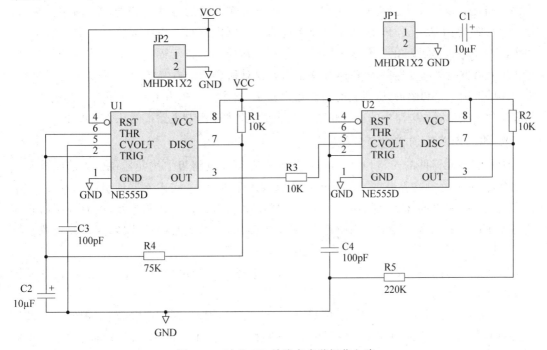

图 3-12　时基 555 单稳态多谐振荡电路

（2）如图 3-13 所示为占空比可调电路,请全手工布线,绘制双面板,电路板板框尺寸大小为 2500mil×2000mil,并进行标注。电源和地线的线宽为 30mil,一般布线的宽度为 10mil。

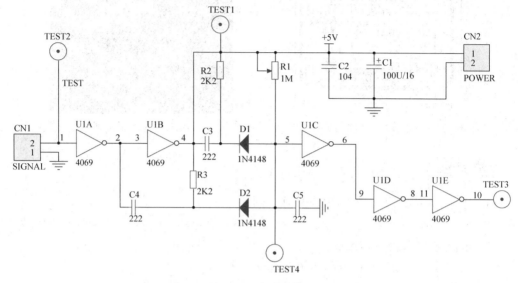

图 3-13　占空比可调电路

【相关知识点】

知识点 1：印制电路板的基本概念

印制电路板是用印制的方法制成导电线路和元器件封装,它的主要功能是实现电子元器件的固定安装以及引脚之间的电气连接,从而实现电器的各种特定功能。制作正确、可靠、美观的印制电路板是 PCB 设计的最终目的。印制电路板是电子元器件装载的基板,它的生产涉及电子、机械、化工等众多领域。印制电路板要提供元器件安装所需要的封装,要有实现元器件引脚电气连接的导线,要保证电路设计所要求的电气特性,以及为元器件装配、维修提供识别字符和图形,所以它的结构较为复杂,制作工序较为烦琐,而了解印制电路板的相关概念是成功制作电路板的前提和基础。下面详细介绍印制电路板的几个基本知识点。

1. 印制电路板的结构与分类

为了实现元器件的安装和引脚连接,设计者必须在电路板上按元器件引脚的距离和大小钻孔,同时还必须在钻孔的周围留出焊接引脚的焊盘,为了实现元器件引脚的电气连接,在有电气连接引脚的焊盘之间还必须覆盖一层导电能力较强的铜膜走线,同时为了防止铜膜走线在长期的恶劣环境中使用而氧化,减少焊接、调试时短路的可能性,在铜膜走线上涂抹了一层绿色阻焊漆,以及表示元器件安装位置的元器件标号。

习惯上,设计者根据导电层数不同,印制电路板可分为单面板（Single Layer）、双面板（Double Layer）、多层板（Multi-Layer）等。

（1）单面板：单面板单面敷铜,即只有一个信号层,因此只能利用它敷了铜的一面设计电路铜膜走线和元器件的焊接。由于单面板的材料便宜,工艺简单,加工时间较短,制作成本最低,因而很多小电器的电路板都采用单面板。单面板的结构如图 3-14 所示。

单面板上敷铜的一面主要包括固定、连接元器件引脚的焊盘和实现元器件引脚互连的铜膜走线,该面称为焊锡面;没有敷铜的一面只印上没有电气特性的元器件型号和参数等,主要用于安装板、调试和维修元器件,又称为元器件面。

由于单面板走线只能在一面上进行,因此,它的设计往往比双面板或多层板困难得多。

(2)双面板:双面板包括顶层(Top Layer)和底层(Bottom Layer),顶层一般为元器件面,底层一般为焊锡面,双面板的上下两面都可以敷铜,都可以布线焊接,中间为一层绝缘层,用于隔离布线层,是最常用的一种电路板。人们还制作了金属化过孔来解决不同层面导线的连通问题,与单面板相比,双面板极大地提高了电路板的元器件密度和布线密度。双面板的结构如图 3-15 所示。

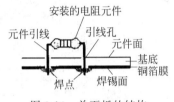

图 3-14 单面板的结构

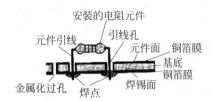

图 3-15 双面板的结构

双面板的电路一般比单面板的电路复杂,制作成本稍高,但布线比较容易,是制作电路板比较理想的选择。随着工艺成熟、技术的进步,双面板的制作成本也有了大幅度的下降。

(3)多层板:由于电子线路的元器件密集安装、抗干扰和布线等特殊要求,一些较新的电子产品中所用的电路板不仅上下两面可供走线,在电路板的中间还设有能被特殊加工的夹层铜箔。如果在双面板的顶层和底层之间加上其他工作层(中间层、内部电源或接地层等),即构成了多层板。多层板结构复杂,它由电气导电层和绝缘材料层交替黏合而成,成本较高,导电层数目一般为 4、6、8 等,且中间层(即内电层)一般连接元器件引脚数目最多的电源和接地网络,层间的电气连接同样利用层间的金属化过孔实现。在多层板中,可充分利用电路板多层层叠结构解决高频电路布线时的电磁干扰、屏蔽问题,同时由于内电层解决了电源和地网络的大量连线,使布线层面的连线急剧减少,因此,电路板可靠性高,面积小,在计算机主板、内存条、优盘、MP3 等产品上得到广泛的使用。这些层因加工相对较困难并且大多用于设置走线较为简单的电源布线层,中间层常用大面积填充的办法来布线。多层板的结构如图 3-16 所示。

图 3-16 多层板的结构

多层板的电路比双面板的电路复杂,制作成本最高。随着电子技术的高速发展,电子产品越来越精密,电路板也就越来越复杂,多层电路板的应用也越来越广泛。

初学者可能会以为:电路板的板层越多越复杂,单面板设计最简单。其实不然,对于一张复杂的电路图,单面板只能在一面布线,布线时无法交叉穿越,电路的布通率往往不高。双面板可以在正反两面布线,在一面不通时还可以通过过孔转换到另一面布线。只要给定足够的面积,双面板一般情况下都有较高的布通率,能够满足电路的要求。多层板由于在板层中间加入了单独的电源层和地线层,电路的布通率会进一步提高,而且抗干扰能力也随之提高。一般的电路系统设计用双面板和四层板即可满足设计需要,只有在较高级电路设计中,或者有特殊需要,比如对抗高频干扰要求很严格情况下才使用六层及六层以上的多层板。

多层板制作时是一层一层压合的,所以层数越多,设计或制作过程将越复杂,设计时间与成本也将大大提高。多层板的中间层(Mid Layer)和内层(Internal Plane)是不相同的两个概念,中间层是用于布线的中间板层,该层均布的是铜膜走线,而内层主要用于做电源层或者地线层,由大块的铜膜所构成,其剖面图如图 3-17 所示。

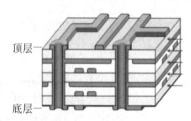

顶层——

底层——

图 3-17　多层板剖面图

在图 3-17 中的多层板共有 6 层设计,最上面为顶层(Top Layer);最下为底层(Bottom Layer);中间 4 层中有两层内层,即 Internal Plane1 和 Internal Plane2,用于电源层;两层中间层,为 Mid Layer1 和 Mid Layer2,用于布铜膜走线。

2. 电路板的材料

敷以金属箔的绝缘板称为覆箔板,其中敷以铜箔制成的敷箔板称为覆铜板,它是用腐蚀铜箔法制作印制电路板的主要材料。覆铜板的种类很多,按照基板材料分,可分为纸基板覆铜板、玻璃布板覆铜板和合成纤维板覆铜板等;按照树脂胶黏剂分,可分为酚醛覆铜板、环氧覆铜板、聚酯覆铜板等;按照结构分,可分为单面覆铜板、双面覆铜板和软性覆铜板等。现在用得比较多的是环氧覆铜板。

3. 层

印制电路板的铜箔导线是在一层(或多层)覆着整面铜箔的绝缘基板上通过化学反应腐蚀出来的,元器件标号和参数是制作完电路板后印制上去的,因此在加工、印制实际电路板过程中所需要的板面信息,在 Altium Designer 21 的 PCB 编辑器中都有一个独立的层面(Layers)与之相对应,电路板设计者通过层面给电路板厂家提供制作该板所需的印制参数,因此理解层面对于设计印制电路板至关重要,只有充分理解各个板层的物理作用以及它和 Altium Designer 21 中层面的对应关系,才能更好地利用 PCB 编辑器进行电路板设计。

(1) 顶层(Top Layer):信号层,一般为元器件面。主要用在双面板、多层板中制作顶层铜箔导线,在实际电路板中又称为元器件面,元器件引脚安插在本层面焊孔中,焊接在底面焊盘上。由于在双面板、多层板顶层可以布线,因此为了安装和维修方便,表面贴装元器件尽可能安装于顶层。

(2) 底层(Bottom Layer):信号层,一般为焊接面。主要用于制作底层铜箔导线,它是单面板唯一的布线层,也是双面板和多面板的主要布线层,注意单面板只使用底层,即使电路中有表面贴装元器件也只能安装于底层。

(3) 中间信号层(Mid1~Mid14):在一般电路板中较少采用,一般只有在5层以上较为复杂的电路板中才采用。

(4) 内电层(Internal Plane):主要用于放置电源和地线,PCB编辑器可以支持16个内部电源/接地层。因为在各种电路中,电源和地线所接的元器件引脚数是最多的,所以在多层板中,可充分利用内部电源/接地层将大量的接电源(或接地)的元器件引脚通过元器件焊盘或过孔直接与电源(或地线)相连,从而极大地减少顶层和底层电源/地线的连线长度。

(5) 机械层(Mechanical Layer):主要为电路板厂家制作电路板时提供所需的加工尺寸信息,如电路板边框尺寸、固定孔、对准孔以及大型元器件或散热片的安装孔等尺寸标注信息,机械层共有16个,这些层在打印和产生底片文件时是可选的。机械层没有电气特性,在实际电路板中也没有实际的对象与其对应,是PCB编辑器便于电路板厂家规划尺寸制板而设置的,属于逻辑层(即在实际电路板中不存在实际的物理层与其相对应)。

(6) 阻焊层(Solder Mask):通常的PCB包括顶层、底层和中间层,层与层之间是绝缘层,它的材料要求耐热性和绝缘性好。在PCB布上铜膜走线后,还要在顶层和底层上印制一层阻焊层,它是一种特殊的化学物质,通常为绿色。该层不粘焊锡,从而避免相邻导线波峰焊接时短路,还可防止电路板在恶劣的环境中长期使用时氧化腐蚀。阻焊层将铜膜走线覆盖住,防止铜膜过快地在空气中氧化,但是需要在焊点处留出位置,并不覆盖焊点。对于双面板或者多层板,它和信号层相对应出现,也分为顶面阻焊层(Top Solder Mask)和底面阻焊层(Bottom Solder Mask)。

(7) 焊锡膏层(Paste Mask Layer):贴片元器件的安装方式比传统穿插式元器件的安装方式要复杂很多,该安装方式必须包括以下几个过程:刮锡膏→贴片→回流焊,在第一步刮锡膏时,就需要一块掩模板,其上就有许多和贴片元器件焊盘相对应的方形小孔,将该掩模板放在对应的贴片元器件封装焊盘上,将锡膏通过掩模板方形小孔均匀涂覆在对应的焊盘上,与掩模板相对应的就是焊锡膏层。

(8) 丝印层(Silkscreen Overlay):电路板制作最后阶段,在印制电路板的上下两表面需要印上必要的标志图案和文字代号等,例如元器件标号和标称值、元器件轮廓形状和厂家标志、版次和生产日期等,这就称为丝印层。多层板的丝印层分顶面丝印层(Top Overlay)和底面丝印层(Bottom Overlay)两种,一般尽量使用 Top Overlay,只有维修率较高的电路板或底层装配有贴片元器件的电路板中,才使用底面丝印层以便于维修人员查看电路(如电视机、显示器电路板等)。丝印层可以方便将来对电路进行焊接和查错,方便对电路板进行安装和维修等。不少初学者在设计丝印层的有关内容时,只注意文字符号放置得整齐美观,而忽略了实际制出的PCB效果。在他们设计的印制板上,字符不是被元器件挡住了,就是侵入了助焊层而被抹除了,还有把元器件标号打在相邻元器件上,如此种种设计都将会给装配和维修带来极大的不便。正确的丝印层字符布置原则是:不出歧义,见缝插针,美观大方。

(9) 禁止布线层(Keep-Out Layer):主要用于定义电路板的边框,或定义电路板中不能有铜箔导线穿越的区域。禁止布线层在实际电路板中也没有实际的层面对象与其对应,属于PCB编辑器的逻辑层,它起着规范信号层布线的目的,即在该层中绘制的对象(如导线),

信号层的铜箔导线无法穿越,所以信号层的铜箔导线被限制在禁止布线层导线所围的区域内。

(10) 其他层(Other):在 Altium Designer 21PCB 编辑器中为了制作者编辑、绘图的方便,还有一些实际物理意义不强的辅助层面,如复合层(Multi Layer),一般用于显示焊盘和过孔。

4. 过孔

过孔的作用是用于连接不同层的导线,在各层需要连通的导线的交汇处钻上一个公共孔。过孔内侧一般都由焊锡连通,用于元器件的引脚插入。过孔分为 3 种:从顶层直接通到底层的过孔称为穿透式过孔(Through Hole Vias);只从顶层通到某一层里层,并没有穿透所有层,或者从里层穿透出来的到底层的过孔称为盲过孔(Blind Vias);只在内部两个里层之间相互连接,没有穿透底层或顶层的过孔称为隐藏式过孔 (Buried Vias)。过孔的形状一般为圆形。过孔有两个尺寸,即通孔直径(Hole Size)和过孔直径(Diameter),如图 3-18 所示。通孔和过孔之间的孔壁用于连接不同层的导线。设计电路的过孔有以下原则。

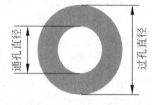

图 3-18　过孔尺寸

(1) 尽量少用过孔,一旦选用了过孔,必须处理好它与周边实体的间隙,特别是容易被忽视的中间各层与过孔不相连的线和过孔之间的间隙。

(2) 需要的载流量越大,所需的过孔尺寸越大,如电源层和地层比其他层连接所用的过孔就要大些。

5. 焊盘

PCB 中最关键的组成部分是和元器件引脚一一对应的焊盘,焊盘的作用是将元器件引脚焊接固定在印制电路板上完成电气连接,因此它的各参数直接关系到焊点的质量和电路板的可靠性。选择元器件的焊盘类型要综合考虑该元器件的形状、大小、布置形式、振动和受热情况、受力方向等因素。

焊盘的形状有圆形、矩形、正八边形、椭圆形等,可以自己编辑,如图 3-19 所示为各种形状的焊盘。

图 3-19　各种形状的焊盘

焊盘的种类有普通焊盘、定位用焊盘和特殊焊盘。特殊焊盘需要单独设计。自行设计焊盘时需要考虑以下原则。

(1) 形状上长短不一致时,要考虑边线宽度与焊盘边长的大小,差异不能过大。

(2) 需要在元器件引脚之间走线时,选用长短不对称的焊盘往往事半功倍。

(3) 各元器件焊盘孔的大小要按元器件引脚粗细分别设计,原则是孔的尺寸 (Diameter)比引脚直径(Hole Size)大 0.2~0.4mm。

定位孔是用于印制电路板制作时的加工基准。根据定位精确度要求的不同,有不同的定位方法。印制电路板上的定位孔,可采用印制电路板定位用焊盘来代替。根据定位螺钉的大小粗细来确定孔径。

6. 元器件的封装

元器件是实现电气功能的基本单元,它们的结构和外形各异,为了实现电气功能,它们必须通过引脚相互连接,并为了确保连接的正确性,各引脚都按一定的标准规定了引脚号,并且各元器件制造商为了满足各公司在体积、功率等方面的要求,即使同一类型的元器件也有不同的外形和引脚排列,即元器件外形结构,如图 3-20 所示,同为数码管,但大小、外形、结构却差别很大。

图 3-20 不同大小、外形、结构的数码管

元器件的封装是印制电路设计中很重要的概念。元器件的封装就是实际元器件焊接到印制电路板时的焊接位置与焊接形状,包括实际元器件的外形尺寸、所占空间位置、各引脚之间的间距等。元器件封装是一个空间的概念,不同的元器件可以有相同的封装形式,而同样一种封装也可以应用于不同的元器件。因此,在制作电路板时不仅要知道元器件的名称,同时还要知道该元器件的封装形式。封装可以在设计电路原理图时指定,也可以在印制电路板的设计过程中指定。

1) 元器件封装的分类

普通的元器件封装有通孔式封装和表面粘贴式封装两大类,它们的区别主要体现在焊盘上。

通孔式封装的元器件必须把相应的引脚插入焊盘过孔中,再进行焊接。因此所选用的焊盘必须为穿透式过孔,设计时焊盘板层的属性要设置成 Multi Layer,如图 3-21 所示。

表面粘贴式封装的引脚焊点用于表面或者底层,焊点没有穿孔。焊盘属性必须为单一层面,一般都应设置成 Top Layer,一般为方形,可设置通孔直径为 0,如图 3-22 所示。

同一种类型的元器件,因在不同的产品中应用,也会做成不同的封装形式。例如,有 8 个引脚的时基电路 NE555 的封装形式有两种:一种是双列直插封装 DIP-8,这是通孔式封装;另一种是小型表面粘贴式封装 SOP-8,这是贴片封装。如图 3-23 所示为 NE555 两种不同的实物封装形式。

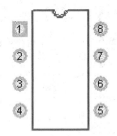

图 3-21 通孔式封装

图 3-22 表面粘贴式元器件的封装

(a) DIP-8封装　(b) SOP-8封装

图 3-23 NE555 两种不同的实物封装形式

同一种封装也可以用于不同的元器件。例如,DIP-14 的封装适合于集成芯片 74HC138,同样也适合集成芯片 74HC164。

2) 封装的命名

Altium Designer 21 提供了大量的常用元器件的封装供印制电路板设计使用。为方便使用,封装的命名都有一定的规律,一般为"元器件类型"+"焊点距离"(焊点数)+"元器件外形尺寸"的形式。以双列直插封装为例,DIP-8 表示元器件的外形为"双列直插"形式,两列平行分布 8 个引脚,每列各有 4 个引脚。以电阻封装为例,AXIAL-0.4 表示元器件外形为"轴向"形式,两焊点间的距离为 0.4inch(400mil)。矩形表面安装元器件的尺寸规格由 4 个数字和一些符号表示,例如公制系列 2012C 的意义是:对应的是英制系列 0805 的矩形贴片电容,其规格尺寸为长 $L=2.0$mm(0.8in),宽 $W=1.25$mm(0.05in);参数特性是额定功率为 1/10W,最大工作电压为 150V。Altium Designer 21 提供两种度量单位,一种单位是 Imperial(英制单位),在印制板中常用的是 inch(英寸)和 mil(千分之一英寸),其转换关系是 1inch=1000mil;另一种单位是 Metric(公制单位),常用的有 cm(厘米)和 mm(毫米)。两种度量单位转换关系为 1inch=25.4mm,1mm≈40mil。系统默认使用英制度量单位。

3) 常见的几种元器件的封装

(1) 常用的分立元器件的封装:常用的分立元器件的封装有电阻类、电位器类、电容类、二极管类、晶体管类、晶振类等。

① 电阻类:电阻是各电路中使用最多的元器件之一,编号一般以 R 开头,根据功率不同,体积也差别很大,如图 3-24 所示,小的如 1/8W 电阻体积只有米粒大小;而大的功率电阻,如某些电器电源部分的限流或取样电阻的体积超过七号电池,因此不同体积的电阻,应根据实际大小选择合适的封装。电阻类元器件常用封装为 AXIAL-XX,前面字母部分用于表示封装的类别,是轴状的意思;后一部分为数字,一般代表焊盘间距,单位为英寸。因此封装 AXIAL-0.4 表示该封装为电阻,焊盘间距为 0.4 英寸(=400mil=10.16mm=1.016cm),根据体积不同,电阻封装可以从 AXIAL-0.3~AXIAL-1.0,电阻为轴对称式元器件封装,如图 3-25 所示为电阻封装。

图 3-24 电阻类元件的实物图

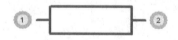

图 3-25 电阻类元件封装

② 电位器类:电位器实际就是一个可调电阻,在电阻参数需要调节的电器中广泛采用,根据材料和精度不同,在体积外形上也差别很大,如图 3-26 所示。原理图库中电位器的常用名称是 RPOT1 和 RPOT2,常用的封装为 VR 系列,有 VR2~VR5,对应如图 3-27 所示 W2~W5,这里封装名 VR2 后缀的数字只是表示外形的不同,而没有实际尺寸的含义,其中封装 VR5 常用于精密电位器。

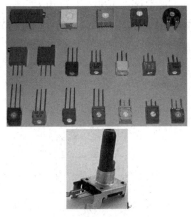

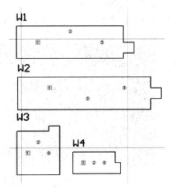

图 3-26　电位器的实物图　　　　　　　图 3-27　电位器的封装

③ 电容类：电容类分为有极性电容和无极性电容。无极性电容原理图库元器件名称为 CAP，根据容量不同，体积外形也差别较大，如图 3-28 所示。无极性电容的封装也由两部分组成：前面字母部分为 RAD；后一部分为数字，和电阻一样代表焊盘间距，根据体积不同，无极性电容封装可以从 RAD-0.1～RAD-0.4，如图 3-29 所示。

图 3-28　无极性电容实物图　　　　　图 3-29　无极性电容的封装

有极性电容(如电解电容)体积根据容量和耐压的不同，体积差别很大，如图 3-30 所示。电解电容的引脚封装也由两部分组成，字母部分为 RB，如 RB7、6-15，数字 7、6 表示焊盘间距为 7、6mm，而数字 15 表示电解电容的圆筒外径 15mm。图 3-31 所示为电解电容的封装。

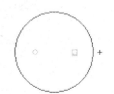

图 3-30　有极性电容实物图　　　　图 3-31　有极性电容封装

④ 二极管类：二极管是有极性器件，封装外形上画有短线的一端代表负端，和实物二

极管外壳上表示负端的白色或银色色环相对应。二极管编号一般以 D 开头,根据功率不同,体积和外形也差别很大,如图 3-32 所示。常用的二极管类器件的封装有 DIODE0.4(小功率)和 DIODE0.7(大功率)两种,如图 3-33 所示。

图 3-32　二极管类器件实物图

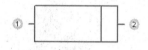

图 3-33　二极管类器件封装

⑤ 晶体管类:晶体管在结构上分为两种类型:一种为 PNP 型,另一种为 NPN 型,在原理图库元器件中常用名称为 PNP、PNP1 或 NPN、NPN1,标号一般以 Q 或 T 开头,根据功率不同,体积和外形差别较大,如图 3-34 所示为塑封外壳三极管。Miscellaneous Devices PCB. PcbLib 集成库中提供的有 BCY-W3 等,常见晶体管的封装如图 3-35 所示。

图 3-34　晶体管的实物图

图 3-35　晶体管的封装

⑥ 晶振类:晶振一般用于单片机等含振荡时钟的电路中,在原理图中名称为 XTAL,外形有圆柱形和长方形两种,如图 3-36 所示。依据外形不同,常用的封装可选用 BCY-W2/D 系列或 BCY-W2/E 系列,如图 3-37 所示。

图 3-36　晶振的实物图

图 3-37　STC 烧录器的封装

(2) 常用的集成电路的封装:常用的集成电路的封装有双列直插式封装(Dual Inline Package)和表面贴装元器件封装。

双列直插式封装即常说的 DIP 封装,Altium Designer 21 将常用的封装集成在 Dual-In-Line Package . PcbLib 集成库中。图 3-38 和图 3-39 所示为 DIP-14 的实物图和 DIP-14 的封装形式。

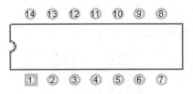

图 3-38　DIP-14 的实物图　　　　　　图 3-39　DIP-14 的封装

表面贴装元器件封装:随着电子技术的发展,人们对于电子设备的便捷性和智能化要求越来越高,从而导致了电路板的复杂程度越来越高,但面积却越来越小,因此电路板的元器件密度不断提高,促使芯片设计者不断地改进元器件的封装技术,缩小元器件的体积,正是在这种技术要求下产生了表面贴装元器件 SMD(Surface Mounted Devices)。如图 3-40 和图 3-41 所示为 SOP-28 的实物图和 SOP-20 的封装形式。

图 3-40　SOP-28 的实物图　　　　　　图 3-41　SOP-20 的封装

（3）单排直插元器件:单排直插元器件用于不同电路板之间电信号连接的单排插座、单排集成块等。一般在原理图库元器件中单排插座的常用名称为 Header 系列,它们常用的封装一般采用 HDR 系列,如图 3-42 和图 3-43 所示为单排直插元器件的实物图和 HDR 1X9H 的封装形式。

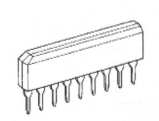

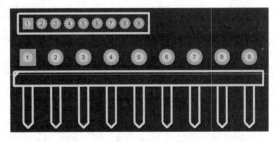

图 3-42　单排直插元器件的实物图　　　　图 3-43　HDR 1X9H 的封装

7. 铜膜走线和预拉线

电路板制作时用铜膜制成铜膜走线(Track),简称导线,用于连接焊点和铜膜走线。印制电路板设计都是围绕如何布置导线进行的。铜膜走线是物理上实际相连的导线,有别于印制板布线过程中预拉线(又称为飞线)的概念。预拉线是在导入网络表后,系统生成的用来指导布线的一种连线,它表示两点在电气上的相连关系,但没有实际连接。

8．覆铜

对于抗干扰要求比较高的电路板,常常需要在 PCB 上覆铜。覆铜可以有效地实现对电路板信号屏蔽的作用,提高电路板信号抗电磁干扰的能力。通常,覆铜有两种方式:一种是实心填充方式;另一种是网状的填充方式,如图 3-44 所示。在实际应用中,实心式的填充比网状式的更好,建议使用实心式的填充方式。

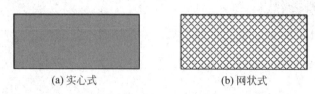

(a) 实心式　　　　　　　(b) 网状式

图 3-44　覆铜的实心填充方式和网状的填充方式

知识点 2：PCB 设计过程和规范

前面读者已经初步了解了利用 Altium Designer 21 进行电路板设计的最终目的是设计出正确、可靠、美观的 PCB 电路板。在进行具体的 PCB 设计前,设计者有必要了解利用 Altium Designer 21 进行 PCB 设计的一般工作流程,这样才能在具体设计制作过程中做到目的明确、提高效率、少走弯路。

PCB 设计就是将设计好了的电路在一块印制板上实现。一块 PCB 上不但要包含所有必需的电路,而且应该具有合适的元器件选择、元器件的信号速度、材料、温度范围、电源的电压范围以及制造公差等信息,一块设计出来的 PCB 必须能够生产制造出来,所以 PCB 的设计除了满足功能要求外,还要满足制造工艺要求以及装配要求。为了有效地实现这些设计目标,设计者需要遵循一定的设计过程和规范,如图 3-45 所示。

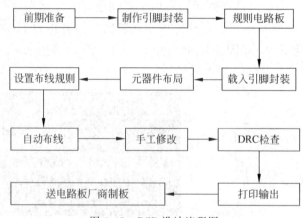

图 3-45　PCB 设计流程图

（1）设计原理图。在进行 PCB 实际制作之前,必须做好各方面的准备工作。例如确保原理图绘制正确,根据实际元器件为各原理图元器件输入合适的引脚封装。对于较为特殊的元器件,如果 PCB 封装库中找不到合适的封装,就必须设计、制作、调用自制的 PCB 元器件封装。绘制好原理图后,若自动布线就生成网络表。

（2）确定 PCB 的尺寸和结构。绘制好原理图后,就可以规划 PCB 了。根据电器外壳尺寸或设计要求规划电路板的形状和尺寸。在规划 PCB 尺寸时,有些电路要考虑元器件的定位尺寸,如电位器、各种插孔距离电路板边框的距离、安装孔的尺寸和定位等。PCB的大小和层数也有关系,增加板层可以更容易实现复杂电路的布线,从而可以减小PCB的尺寸,但是板层的增加会增加板的成本。因此,设计人员要折中考虑,根据电路板元器件密度高低和布线复杂程度确定电路板的种类,电路板尺寸应尽量符合国家标准。如果PCB的信号要求比较高,而且线路复杂,可以使用多层板;如果线路不复杂,则可以使用双面板。具体设计应该综合考虑双面板、多层板的尺寸和制造成本。

(3)元器件布局。元器件布局将元器件封装布置到PCB上。在确定了PCB板的尺寸和结构后,就可以将元器件封装布置到PCB上。若选择自动布线,加载网络表即可加载所有的元器件封装,一般在载入元器件封装和网络时可能会碰到各种错误,此时应根据各个错误提示,回到原理图中进行修改,再重新载入元器件引脚封装和网络,直到错误排除。在放置元器件封装时,应该尽可能将具有相互关系的元器件靠近;数字电路和模拟电路应该分放在不同的区域;对发热的元器件应该进行散热处理;敏感信号应该避免产生干扰或被干扰,比如时钟信号,引线要尽可能短,所以要靠近其连接的芯片。

(4)布线。采用加载网络表的方式导入元器件封装,可以使用自动布线。有时也采用手工布线,通常的做法是先对重要元器件进行布线,再为特殊元器件布线,然后才是为普通元器件布线,最后对电源和地进行走线。

(5)设计规则检查和调整PCB。在完成布线后,还需要对布线后的PCB进行设计规则检查,看布线是否符合定义的设计规则的电气要求。根据检查的结果再调整PCB的走线。

(6)完成PCB的优化工作。一般自动布线过程中系统侧重导线的布通率,导致自动布线结果必然存在导线弯曲过多、过长等不符合电气特性要求的部分导线,此时必须进行手工修改,同时根据实际需要和提高抗干扰能力与可靠性的要求,可以给电路板添加覆铜、安装孔、补泪滴等,还要修改和添加元器件标注、尺寸标注、文字标注等。

(7)保存及输出文件。完成电路板布线后,保存完成的PCB文件,然后利用打印机或绘图仪等输出电路图。电路板设计完成后,可以根据制作的数量送电路板厂商制板。

PCB设计的一般过程,在通常的设计中,设计者都可以遵循这个设计流程。同时随着EDA软件的快速发展,虚拟的设计环境已经在软件平台中实现,它能有效实现设计的仿真以及信号的虚拟分析,有助于设计的成功实现以及产品的快速开发,降低产品的开发成本。

知识点3:电路板工作环境设置

执行菜单指令Tools | Preferences,系统弹出如图3-46所示PCB设置对话框。在PCB Editor区域里可以对常规(General)、显示(Display)、板层颜色(Layer Colors)等参数进行设置。

使用快捷键Ctrl+G,可以弹出如图3-47所示的网格编辑对话框,可设置栅格的样式,有点状(Dots)和线状(Lines)两种可供选择。在长时间PCB绘图时,线状网格容易使眼部疲劳。

知识点4:电路板设计中的放置工具栏

在进行PCB设计过程中,需要在电路板上添加导线、焊盘、过孔、元器件封装等,这些都需要通过Altium Designer 21的Placement(布线)工具栏或相应的菜单指令来完成。选择菜单中的View | Tool bars | Placement命令,就可以打开或关闭布线工具栏Placement,如图3-48所示。放置工具栏是手工布线中使用最频繁的工具栏,在该工具栏中提供的工具主

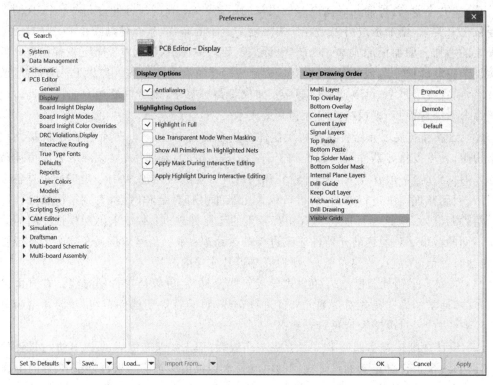

图 3-46　PCB 设置对话框

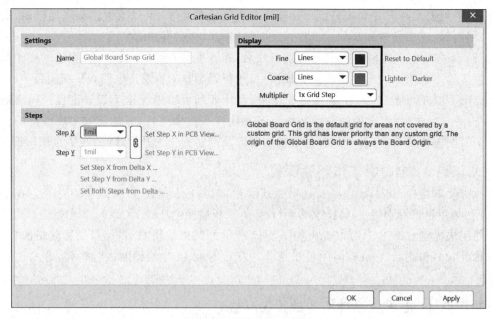

图 3-47　网格编辑对话框

要用于绘制 PCB 中的各种图素。对这个工具栏的使用除了用按钮外，还有相应的菜单命令和快捷键方式。下面对每个功能分别进行介绍。

图 3-48　布线工具栏换图

1. 放置铜膜走线

铜膜走线是 PCB 设计中最常用的图素,它就是印制电路板上的实际导线。铜膜走线具有实际的电气连接意义,也具有网络标识,它的属性由设计规则决定。绘制导线有 Interactively Route Connections 和 Line 两种,如果是根据电路原理图生成的网络表来自动布线的电路板,一般选用的是 Interactively Route Connections(交互布线);在手工布线时,两者皆可。下面介绍手工布线时绘制铜膜走线的方法。

方法一:菜单命令。选择菜单中的 Place | Interactive Routing(或 Line)命令,系统即可执行绘制铜膜走线命令。Interactive Routing 是有网络的导线。

方法二:放置工具栏命令。单击放置工具栏的 按钮,系统即可执行绘制铜膜走线命令。

方法三:快捷键。使用快捷键 P+T,系统即可执行绘制铜膜走线命令。

启动绘制铜膜走线命令后,光标变成“十”字形状。将光标移动到所需绘制铜膜走线的位置,单击确定铜膜走线的起点,拖动形成一条导线,然后将光标移动到铜膜走线的另一个端点上单击,即可完成铜膜走线的绘制,如图 3-49 所示,右击或按键盘的 Esc 键退出。这时,系统仍处于绘制铜膜走线的状态,再次单击可以开始新的铜膜走线绘制,右击或按键盘上的 Esc 键退出整个绘制铜膜走线命令状态。

铜膜走线绘制完成之后,如果要对铜膜走线进行修改,单击要修改的铜膜走线,铜膜走线出现方块点,如图 3-50 所示,分别为起点、拐弯点、终点,将光标移到方块点上,光标形状变为双箭头,单击任一个起点或终点即可拉长或缩短铜膜走线,单击拐弯点可改变其形状。

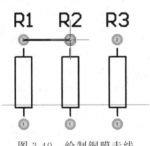

图 3-49　绘制铜膜走线

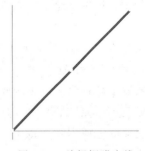

图 3-50　编辑铜膜走线

在绘制铜膜走线时,如果需要拐弯时,单击确定铜膜走线的拐弯位置,同时按 Shift + Space 组合键切换选择铜膜走线的拐弯模式。Altium Designer 21 提供 5 种拐弯模式,分别是直线 45°、弧线 45°、直线 90°、弧线 90°和任意斜线,如图 3-51 所示。具体采用什么走线方式,设计者可以根据实际需要决定,通常建议使用直线 45°的走线方式。

如果 PCB 中使用的铜膜走线宽度并非默认的 10mil,在设计过程中就需要对铜膜走线的宽度进行设置。双击要修改的铜膜走线,系统会弹出如图 3-52 所示属性对话框,可以对铜膜走线的线宽(Width)、铜膜走线的起点(Start)和终点(End)坐标、铜膜走线所在的层

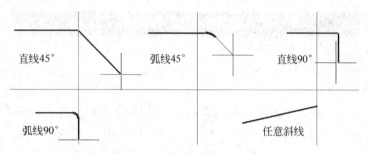

图 3-51　铜膜走线的 5 种拐弯模式

(Layer)以及铜膜走线所属的网络(Net)等参数进行设定。

　　选择手工布线时,设计者也可以在绘制铜膜走线的过程中按 Tab 键,系统也会弹出铜膜走线属性对话框。

　　在进行铜膜走线线宽和过孔尺寸的设定时,设置的参数值必须要符合设计规则的要求,如果设定值违反了设计规则,则设定值无效,系统提醒设计者该设定值不符合设计规则,这时,设计者需要对相应的设计规则进行修改或重新设置参数值。

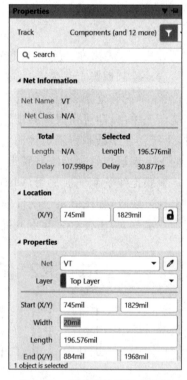

　　2. 放置直线命令

　　在 PCB 设计中,常用直线绘制印制电路板的外形、元器件的轮廓和禁止布线层的边界等。直线也有实际的电气连接意义,但不具备网络标识,而且它的属性不由设计规则来决定。虽然直线和铜膜走线一样也具有电气连接意义,但是建议设计者在绘制导线时尽量采用铜膜走线,这样设计的印制电路板便于检查和修改。下面介绍绘制直线的方法。

　　方法一:菜单命令。选择菜单中的 Place | Line 命令,系统即可执行绘制直线命令。

　　方法二:放置工具栏命令。单击放置工具栏的 ╱ 按钮,系统即可执行绘制直线命令。

　　方法三:快捷键。使用快捷键 P＋L,系统即可执行绘制直线命令。

图 3-52　铜膜走线属性对话框

　　启动绘制直线命令后,光标变成"十"字形状。将光标移动到所需要绘制直线的位置,单击确定直线的起点,然后将光标移动到直线的另一个端点上单击,完成直线的绘制后,右击或按键盘上的 Esc 键退出。这时,系统仍处于绘制直线的状态,再次单击可以开始新的直线绘制,右击或按键盘上的 Esc 键退出整个绘制直线命令状态。

　　直线绘制完成之后,如果要对直线进行修改,单击要修改的直线,直线出现 3 个方块点,拉长、缩短和改变其形状的方法和铜膜走线一样。

　　如果 PCB 中使用的直线宽度并非默认的 10mil,在设计过程中就需要对直线的宽度进行设置。双击或按 Tab 键,在线宽属性对话框中,设置直线的线宽和直线的层次。

3．放置焊盘命令

手工绘制电路板放置焊盘的方法如下。

方法一：菜单命令。选择菜单命令 Place | Pad 命令，系统即可执行放置焊盘命令，如图 3-53 所示。

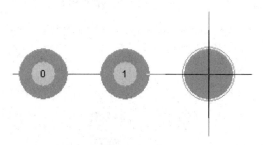

图 3-53　放置焊盘

方法二：放置工具栏命令。单击放置工具栏的 Pad 按钮，系统即可执行放置焊盘命令。

方法三：快捷键。使用快捷键 P＋P，系统即可执行放置焊盘命令。

启动放置焊盘命令后，光标变成"十"字形状，并带有一个焊盘。将光标移动到所需要放置焊盘的位置，单击放置焊盘，这时，系统仍处于放置焊盘的状态，再次单击可以放置新的焊盘，右击或按键盘上的 Esc 键退出放置焊盘命令状态。

若要对放置焊盘的属性进行修改，可以在放置焊盘的过程中按 Tab 键，系统将会弹出属性对话框，如图 3-54 所示。在该对话框中可以对焊盘的孔径大小（Hole Size）、旋转角度（Rotation）、焊盘标号（Designator）、电路板层（Layer）、网络标号（Net）、圆形焊盘（Round）（焊盘尺寸和形状可修改）等属性进行设置。设置时注意参数应符合实际生产需要以及设计规则的要求，否则在进行设计规划检查（DRC）时会出错。

在实际的印制电路板设计过程中，元器件的焊盘都封装在一起，一般不需要放置单独的焊盘做元器件的封装。设计者只需直接从 PCB 库中查找并放置元器件。放置焊盘的命令一般只是用来做电路板的定位孔。

4．放置过孔命令

手工绘制电路板放置过孔的方法如下。

方法一：菜单命令。选择菜单命令 Place | Via，系统即可执行放置过孔命令。

方法二：放置工具栏命令。单击放置工具栏的 Via 按钮，系统即可执行放置过孔命令。

方法三：快捷键。使用快捷键 P＋V，系统即可执行放置过孔命令。

启动放置过孔命令后，光标变成"十"字形状，并带有一个过孔。将光标移动到所需要放置过孔的位置，单击放置过孔，这时，系统仍处于放置过孔的状态，再次单击可以放置新的过孔，右击或按键盘上的 Esc 键退出放置过孔命令状态。

在手工布线的过程中，按下小键盘上的"＋"或"－"键，可以在不同板层之间快速切换。在顶层和底层切换时，系统会自动在布线切换的端点处放置过孔。在自动布线的过程中，放置过孔的工作在执行布线命令的过程中由系统自动完成。

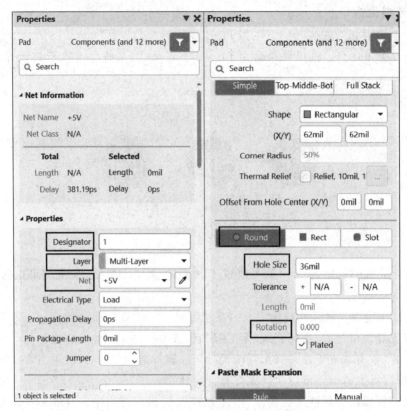

图 3-54 焊盘属性对话框

如果要对放置的过孔进行属性设置,可以在放置过孔的过程中按 Tab 键,这时,系统会弹出属性对话框。也可以双击已经放置好了的过孔,系统同样弹出如图 3-55 所示属性对话框。在该对话框中可以对网络名称(Net Name)、类名称(Net Class)、过孔的外径(Diameter)、孔径(Hole Size)等参数进行设置。

5. 放置字符串命令

放置字符串的方法如下。

方法一:菜单命令。选择菜单命令 Place | String,系统即可执行放置字符串命令。

方法二:放置工具栏命令。单击放置工具栏的 T 按钮,系统即可执行放置字符串命令。

方法三:快捷键。使用快捷键 P+S,系统即可执行放置字符串命令。

启动放置字符串命令后,光标变成"十"字状,并带有一个字符串,默认为 String。将光标移动到所需要放置字符串的位置,单击放置字符串,这时,系统仍处于放置字符串的状态,再次单击可以放置新的字符串,右击或按键盘的 Esc 键退出放置字符串命令状态。

如果要对放置的字符串进行属性设置,可以在放置字符串的过程中按 Tab 键,这时,系统会弹出属性编辑对话框,如图 3-56 所示。也可以双击已经放置好了的字符串,系统同样弹出属性编辑对话框。在属性编辑对话框中可以对字符串的文本(Text)、高度(Height)、宽度(Width)、所在工作层面(Layer)、字体(Font)、旋转角度(Rotation)、位置坐标(Location)、

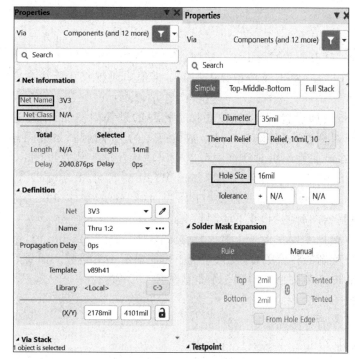

图 3-55　过孔属性编辑对话框

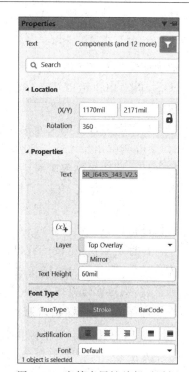

图 3-56　字符串属性编辑对话框

锁定(Locked)和镜像翻转(Mirror)等属性进行设置。字符串的文本内容既可以从下拉列表中选择,也可以由设计者直接输入。通常字符串都放在 Top Over Layer(顶层丝印层),这时的字符串是不具有任何电气连接意义的。如果字符串放在其他信号层,会因为字符串的铜膜而造成电路板短路或其他问题。放置字符串的角度根据需要随意设置,也可以在放置时用快捷键 X、Y 和 Space进行角度调整。有时,根据制板的需要,将字符串放置在印制电路板的反面,即电路板的 Bottom Over Layer(底层丝印层)上,但是为了符合视觉习惯,常将字符串的Mirror 选项选中。

实际制板中,如果印制板密度太高,往往需要缩小文字的尺寸,可以通过修改字符串的高度(Height)和宽度(Width)。修改尺寸时也应参照当地 PCB 生产厂商的制板工艺条件进行,文字以能看清为标准。

6. 放置尺寸标注命令

手工绘制电路板放置尺寸标注的方法如下。

方法一:选择菜单命令 Place | Dimension,Dimension下有很多子菜单,如图 3-57 所示。

方法二:单击放置工具栏的按钮。

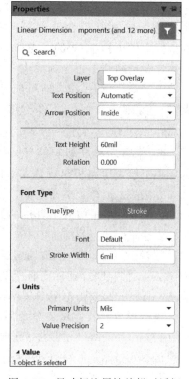

图 3-57　尺寸标注属性编辑对话框

方法三：使用快捷键 P+D。

启动放置尺寸标注命令后，光标变成"十"字形状，并带有一个尺寸标注。将光标移动到所需要放置尺寸标注的位置，单击放置尺寸标注，这时，系统仍处于放置尺寸标注的状态，再次单击可以放置新的尺寸标注，右击或按键盘上的 Esc 键退出放置尺寸标注命令状态。

如果要对放置的尺寸标注进行属性设置，可以在放置尺寸标注的过程中按 Tab 键，这时，系统会弹出尺寸标注属性编辑对话框，也可以双击已经放置好了的尺寸标注，系统同样弹出尺寸标注属性编辑对话框。在该属性编辑对话框中可以对尺寸标注的字体宽度(Text Width)、文本高度(Text Height)、标注的尺寸线宽度(Line Width)、尺寸线高度(Line Height)、标注的尺寸线起始点(Start)和终点(End)、所处工作层面(Layer)、字体(Font)等属性进行设置。通常尺寸标注只是绘图时使用，并不印制到电路板上。

在特定条件下，设计者也可以根据需要在板子上修改标注的文字，如标注 25mm 时，系统会显示 25.019mm，这是由于公英制的转换关系，使得系统不可能显示一个整数。如要显示整数，则可通过修改 Start X 和 End X 的值来得到一个整数的值。

7. 自定义坐标相对原点

在 PCB 中自定义坐标相对原点的方法如下。

方法一：选择菜单命令 Edit | Origin | Set。

方法二：单击放置工具栏的 ⊠ 按钮。

方法三：使用快捷键 E+O+S。

在印制电路板编辑系统中，Altium Designer 21 自动提供一个绝对坐标系，它的原点就是绝对原点，在整个 PCB 编辑系统的最左下角。设计者可以根据需要设置另外一个称为当前坐标系的坐标系，它的原点即为当前原点，也称为相对原点，可以设置到 PCB 编辑系统的任意位置。执行放置坐标原点命令后，光标变为"十"字形状，把"十"字光标移到 PCB 编辑区域中的适当位置，单击即可确定 PCB 文件的当前坐标原点。如果需要撤销刚才放置的原点，执行菜单命令 Edit | Origin | Reset，即可撤销当前坐标原点，使 PCB 文件恢复到绝对原点。

8. 放置元器件封装命令

手工绘制电路板时放置元器件封装的方法如下。

方法一：选择菜单命令 Place | Component。

方法二：单击放置工具栏的 ▉ 按钮。

方法三：使用快捷键 P+C。

方法四：打开 Components 面板，直接在面板上选择 Components(元器件)或 Footprints(封装)。在库面板上选中 Miscellaneous Devices. IntLib 元器件库，选择电阻封装 AXIAL-0.4，双击电阻封装 AXIAL-0.4 图标，可以执行放置元器件的命令。

执行放置元器件封装命令后，可以在 Placement Type 选项区域中选择 Footprints(封装)或 Components(元器件)选项。若选择 Footprints 选项，则可以在 Component Details 选项区域中输入元器件的封装形式，若选择 Components 选项，则可以在 Component Details 选项区域中输入元器件所在集成库中的名字。例如，现在若放置电阻封装 AXIAL-0.4。单击 Res2 后将光标移动到所需要放置电阻封装的位置，单击放置电阻封装，这时，系统仍处于放置电阻封装的状态，再次单击可以放置新的电阻封装，右击或按键盘上的 Esc 键退出放置电阻封装命令状态(图 3-58)。

元器件封装放置时需要注意两个方面：一是元器件封装放置的电路板层面；二是不能随意修改元器件封装的名字。

9. 中心法绘制圆弧命令

手工绘制电路板时中心法绘制圆弧命令的方法如下。

方法一：选择菜单命令 Place | Arc(Center)。

方法二：单击放置工具栏的 ⊛ 按钮。

方法三：使用快捷键 P+A。

执行中心法绘制圆弧的命令后,光标变为"十"字形状,把"十"字光标移到印制电路板的适当位置。第一次单击确定圆弧的圆心,第二次单击确定圆弧的半径,第三次单击确定圆弧的起始角,第四次单击确定圆弧的终止角。如图 3-59 所示,这样就可以绘制出圆弧,右击或按 Esc 键即可退出中心法绘制圆弧的命令状态。

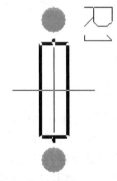

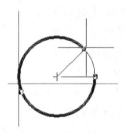

图 3-58　放置电阻封装　　　　图 3-59　中心法绘制圆弧的命令状态

设计者若需要对圆弧属性进行修改,可在 PCB 文件上双击需要设置属性的圆弧,或者在命令状态下按 Tab 键,系统将弹出设置圆弧属性对话框 Arc,可以在此对话框内设置圆弧的有关参数。在该对话框中可以对圆弧的宽度(Width)、圆弧的半径(Radius)、设置圆弧的起始角(Start Angle)、设置圆弧终止角(End Angle)、设置圆弧圆心在 PCB 图上的坐标(Center X/Y)、设置圆弧在 PCB 板中的工作层面(Layer)、设置要放置的圆弧所在的网络(Net)、圆弧锁定复选框(Locked)和圆弧禁止布线区域复选框(Keepout)等属性进行设置。

10. 边缘法绘制 90°圆弧命令

手工绘制电路板时边缘法绘制 90°圆弧命令的方法如下。

方法一：选择菜单命令 Place | Arc(Edge)。

方法二：单击放置工具栏的 ⊛ 按钮。

方法三：使用快捷键 P+E。

执行边缘法绘制 90°圆弧的命令后,光标变为"十"字形状,把"十"字光标移到印制电路板的适当位置。第一次单击确定圆弧的起点,第二次单击确定圆弧的终点,这样,即可绘制出 90°圆弧,右击或按 Esc 键即可退出边缘法绘制圆弧的命令状态。设计者若需要对圆弧属性进行修改,可在 PCB 文件上双击需要设置属性的圆弧,或者在命令状态下按 Tab 键,系统将弹出设置圆弧属性对话框,可以在此对话框内设置圆弧的有关参数。

11．边缘法绘制任意角度圆弧命令

手工绘制电路板时边缘法绘制任意角度圆弧命令的方法如下。

方法一：选择菜单命令 Place | Arc(Any Angle)。

方法二：单击放置工具栏的 按钮。

方法三：使用快捷键 P+N。

执行边缘法绘制任意角度圆弧的命令后，光标变为"十"字形状，把"十"字光标移到印制电路板的适当位置。绘制方法和中心法绘制圆弧一样，第一次单击确定圆弧的圆心，第二次单击确定圆弧的半径，第三次单击确定圆弧的起始角，第四次单击确定圆弧的终止角。这样就可以绘制出圆弧，右击或按 Esc 键即可退出边缘法绘制任意角度圆弧的命令状态。

设计者若需要对圆弧属性进行修改，可在 PCB 文件上双击需要设置属性的圆弧，或者在命令状态下按 Tab 键，系统将弹出设置圆弧属性对话框，可以在此对话框内设置圆弧的有关参数。

12．绘制圆命令

手工绘制电路板时绘制圆命令的方法如下。

方法一：选择菜单命令 Place | Full Circle。

方法二：单击放置工具栏的 按钮。

方法三：使用快捷键 P+U。

执行绘制圆的命令后，光标变为"十"字形状，把"十"字光标移到印制电路板的适当位置。第一次单击确定圆的圆心，第二次单击确定圆的半径，这样就可以绘制出圆，右击或按 Esc 键即可退出绘制圆的命令状态。设计者若需要对圆的属性进行修改，可在 PCB 文件上双击需要设置属性的圆，或者在命令状态下按 Tab 键，系统将弹出设置圆属性对话框，可以在此对话框内设置圆的有关参数。

13．放置矩形填充命令

在印制电路板中，因为矩形填充能够大面积地接地或布置电源，所以起的主要作用是提高印制电路板的可靠性、抗干扰能力和通过大电流的能力。Altium Designer 21 提供了两种填充方式：矩形填充和多边形填充。下面介绍放置矩形填充的方法。

方法一：选择菜单命令 Place | Fill。

方法二：单击放置工具栏的 按钮。

方法三：使用快捷键 P+F。

执行放置矩形填充的命令后，光标变为"十"字形状，把"十"字光标移到印制电路板的适当位置。第一次单击确定矩形的顶点，第二次单击确定矩形的对角顶点，这样就可以绘制出矩形，如图 3-60 所示。右击或按 Esc 键即可退出绘制矩形的命令状态。

设计者若需要对矩形的属性进行修改，可在 PCB 文件上双击需要设置属性的矩形，或者在命令状态下按 Tab 键，系统将弹出设置矩形属性对话框 Fill，可以在此对话框内设置矩形的有关参数。在该对话框中可以对矩形填充区域的两个顶点(Corner)、旋转角度(Rotation)、所处工作层面(Layer)、网络(Net)、锁定(Looked)和禁止布线范围(Keepout)等属性进行设置。

14．放置多边形填充命令

手工绘制电路板时放置多边形的方法如下。

方法一：选择菜单命令 Place | Solid Region。

方法二：单击放置工具栏的 按钮。

方法三：使用快捷键 P+G。

设置好多边形填充的属性后,光标变为"十"字形状,把"十"字光标移到印制电路板的适当位置。第一次单击多边形填充的一个起点,不断移动光标在选定的多边形填充的其他顶点单击,直到最后在多边形起点处闭合,这样就在当前层绘制出多边形填充(图 3-61)。右击或按 Esc 键即可退出绘制多边形填充的命令状态。

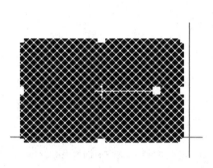
图 3-60　放置矩形填充

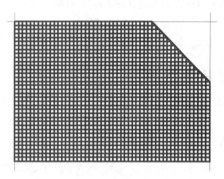
图 3-61　放置多边形填充

多边形填充和矩形填充不同,在填充的区域内多边形填充不是全部填满,而是以网格的方式填充。

15. 阵列粘贴

阵列粘贴的方法如下。

方法一：选择菜单命令 Edit | Paste Special。

方法二：使用快捷键 E+A。

选中要阵列粘贴的封装,执行复制命令后,执行阵列粘贴命令,系统弹出如图 3-62 所示对话框。设计者可以在对话框中选择复制元器件的层、网络、元器件标号及类。单击 Paste Array... 按钮后,系统弹出如图 3-63 所示设置阵列粘贴模式对话框,在这里可以设置封装是线性复制还是圆周复制,线性复制需设置水平和垂直的间距,圆周复制需设置放置的角度。

图 3-62　阵列粘贴对话框

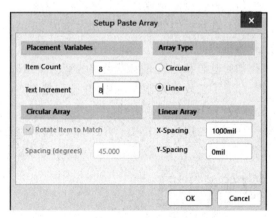
图 3-63　设置阵列粘贴模式对话框

任务 3-2
振荡器电路
PCB 设计

实训任务 3-2　振荡器电路 PCB 设计——全手工设计单面电路板

【实训目标】

（1）了解各板层的意义。

（2）掌握新建 PCB 的方法。

（3）能根据要求绘制双层板框。

（4）掌握元器件布局，能手工布线绘制单面板。

（5）学会放置定位孔。

【课时安排】

2 课时。

【任务情景描述】

如图 3-64 所示为振荡器电路，下面以此为例讲解全手工绘制单面 PCB 的方法。

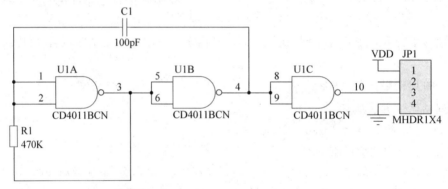

图 3-64　振荡器电路

振荡器电路 PCB 设计要求如下。

（1）单层板面布线。

（2）电路板的外层板框尺寸大小为 25mm×25mm，内层边框各边距离外层 1 mm，且对于外边框进行标注。

（3）电源和地线的铜膜走线线宽为 30mil，一般布线的宽度为 10mil。

（4）手工放置元器件封装，并排列整齐。

（5）手工连接铜膜走线。

（6）在内层边框 Keep-Out Layer 内，放三个焊盘作为板子定位孔，定位孔采用 3mm 的孔径。

【任务分析】

振荡器电路由一个 CD4011BCN 与非门芯片和一个电阻、电容和接插件组成。电路比较简单，单面板布线容易实现。此任务需绘制 2 个板框，一个是内层板框，通常用 Keep-Out

Layer 绘制；另一个是外层板框，通常用机械层绘制。定位孔采用焊盘绘制。

【操作步骤】

1．准备工作

新建项目、原理图文件、PCB 文件并绘制好原理图，所有文件全部归档在振荡器电路文件夹中。

2．电路板尺寸

本任务需绘制电路板双层板框。在 PCB 编辑器中，系统默认使用是英制度量单位 mil，在英文状态下，按 Q 键，切换到公制单位 mm。在 PCB 编辑器中选择 Mechanical 1（机械层 1），根据如图 3-65 所示的电路板双层板框中输入第一个坐标点（0，0）；三次回车后输入第二个坐标点（25，0）；跟着三次回车后输入第三个坐标点（25，25）；三次回车后输入第四个坐标点（0，25）；最后回到最初原点（0，0）。这样就绘制出一个 25mm×25mm 的外层板框。单击绘图工具栏的 按钮，可以对板框进行标注。在 PCB 编辑器中选择 Keep-Out Layer（禁止布线层），绘制内层边框，输入第一个坐标点（1，1）；紧接着输入第二个坐标点（24，1）；跟着输入第三个坐标点（24，24）；输入第四个坐标点（1，24）；最后回到最初点（1，1）。

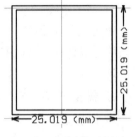

图 3-65　电路板双层板框

3．绘制 PCB

1）放置元器件封装

设置好板框尺寸后，把元器件封装直接放置在 PCB 上。

在确定元器件引脚封装时，不能采取死记硬套的方法。如部分初学者，死记硬背元器件封装，遇到电阻，不管体积和功率大小都盲目地采用 AXIAL-0.4；看到电解电容，不管大小，都采用 RB7.6-15，这样势必导致制作的 PCB 无法满足实际元器件的装配需要。因此在确定引脚封装前，应对电路中的元器件实物有充分的了解，必要时要采用卡尺进行实际测量，结合本项目所介绍的常用元器件引脚封装合理进行选择。

振荡器电路的元器件参数如表 3-2 所示。

表 3-2　振荡器电路的元器件参数

元器件名称	标号	封装	元器件所在库	说明
RES	R1	AXIAL0.4	Miscellaneous Devices.IntLib	电阻
CAP	C1	RAD0.1	Miscellaneous Devices.IntLib	电容
CD4011BCN	U1	DIP14	FSC Logic Gate.IntLib	四与非门
MHDR1X4	JP1	MHDR1X4	Miscellaneous Connectors.IntLib	接插件

CD4011BCN 是一个多子元器件，如图 3-66 所示，由 4 个 2 输入与非门、电源和地组成。所有元器件封装放置完成后保存文档，进入下一步设计。

2）元器件布局

依照图 3-67 对元器件进行布局，元器件排列整齐，接插件 JP1 置于 PCB 右上侧。

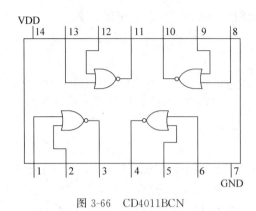

图 3-66　CD4011BCN

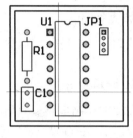

图 3-67　元器件布局

3）手工布线

使用菜单命令 Place | Line 对布局了的元器件布线,所有的走线都在 Top Layer(顶层),放置导线时不必切换板层。一般导线的宽度为 10mil,电源和地线的铜膜走线线宽为 30mil。双击电源和地线,把电源和地线线宽改为 30mil,完成布线的 PCB 如图 3-68 所示。

4. 优化 PCB

1）放置定位孔

在内层边框 Keep-Out Layer 内,放三个焊盘作为板子定位孔,定位孔采用 3mm 的孔径。使用菜单命令 Place | Pad 放置定位孔,外径大小设置成圆形,X-Size 和 Y-Size 都设置为 3mm,Hole-Size 设置为 3mm。放置好定位孔的单面 PCB 板如图 3-69 所示。

2）3D 效果图

执行命令 View | 3D Layout Mode,系统弹出 3D 效果图,如图 3-70 所示。设计者可以根据 3D 效果图观察元器件封装是否正确,元器件之间的安装是否合理等。

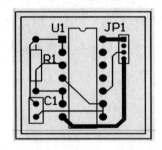
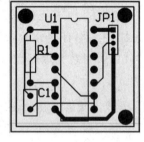
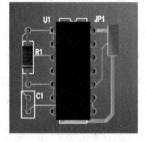

图 3-68　手工布线的单面 PCB　　　图 3-69　放置好定位孔的单面 PCB　　　图 3-70　3D 效果图

【思考题】

（1）在设计 PCB 时,小明使用 Q 键切换公英制,却发现切换不成功,请你判断一下是哪里出错了?

（2）小明在 PCB 上用禁止布线层(Keep-Out Layer)绘制板框时,发现画出来的是顶层(Top Layer),请你判断一下是哪里出错了?

【能力进阶之实战演练】

(1) 图 3-71 所示为模拟电子蜡烛电路,请全手工布线,绘制单面板,电路板板框尺寸大小为 4.5mm×4mm,电源和地线的线宽为 20mil,一般布线的宽度为 10mil。在边框 Keep-Out Layer 内,放三个焊盘作为板子定位孔,定位孔采用 2mm 的孔径。

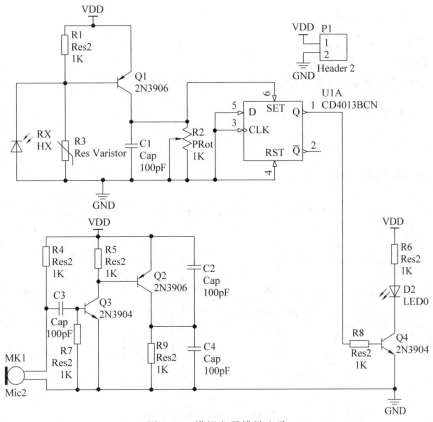

图 3-71 模拟电子蜡烛电路

(2) 如图 3-72 所示为电子门铃电路,请全手工布线,绘制单面板,电路板板框尺寸大小为 1500mil×1200mil,电源和地线的线宽为 20mil,一般布线的宽度为 10mil。在边框 Keep-Out Layer 内,放三个焊盘作为板子定位孔,定位孔采用 3mm 的孔径。

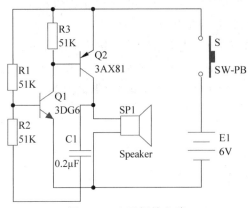

图 3-72 电子门铃电路

实训任务 3-3　三端稳压电源 PCB 设计——自动布线设计双面电路板

【实训目标】

（1）了解各板层的意义。

（2）掌握导入网络表的方法。

（3）能根据要求设置设计规则。

（4）掌握元器件布局、自动布线的方法，能手动优化 PCB。

【课时安排】

2 课时。

【任务情景描述】

如图 3-73 所示为三端稳压电源，下面以本任务讲解自动布线设计双面 PCB 的方法。

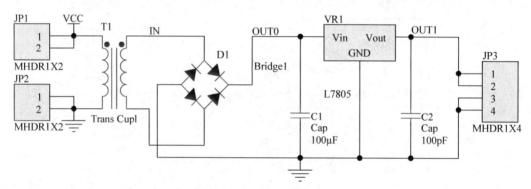

图 3-73　三端稳压电源

三端稳压电源 PCB 设计要求如下。

（1）绘制双面电路板。

（2）电路板的板框尺寸大小为 3250mil×2250mil。

（3）电源和地线的铜膜走线线宽为 30mil，一般布线的宽度为 10mil。

（4）手工放置元器件封装，并排列整齐。

（5）自动布线，连接铜膜走线，电源和地线的铜膜走线线宽为 30mil，一般布线的宽度为 10mil。尽量不使用过孔，布线时考虑顶层走水平线，底层走垂直线。

（6）在板子右下位置选择元器件封装，作为电源的退耦电容，接在电源端和接地端。

【任务分析】

自动布线绘制电路板一般遵循以下步骤。

（1）启动 Altium Designer 21，新建工程项目文件并保存。

（2）绘制原理图。

（3）生成网络表文件。

（4）建立新的电路板文件并保存。没有保存过的 PCB 文件不能自动布线。

（5）在禁止布线层(Keep-Out Layer)定义电路板的板框尺寸。

（6）导入网络表,放置元器件封装。

（7）元器件布局。

（8）设置设计规则。

（9）自动布线。

【操作步骤】

1. 准备工作

新建项目、原理图文件、PCB 文件并绘制好原理图,所有文件全部归档在三端稳压电源文件夹中。使用 Altium Designer 21 电路设计软件进行印制电路板的设计,首先,新建一个工程项目;其次,新建一个原理图,并在此完成原理图的绘制。三端稳压电源电路的元器件参数表如表 3-3 所示。

表 3-3　振荡器电路的元器件参数表

元器件名称	标号	封装	元器件所在库	说明
CAP	C1、C2	RAD0.3	Miscellaneous Devices. IntLib	电容
Trans Ideal	T1	TRF-4	Miscellaneous Devices. IntLib	变压器
Bridge 1	D1	E-BIP-P4/D10	Miscellaneous Devices. IntLib	整流桥
Volt Reg	VR1	SFM-T3/X1.6V	Miscellaneous Devices. IntLib	三端稳压电源
MHDR1X2	JP1、JP2	MHDR1X2	MiscellaneousConnectors. IntLib	接插件
MHDR1X4	JP3	MHDR1X4	MiscellaneousConnectors. IntLib	接插件

电路中三端稳压块型号为 CW7805,该管为塑封外壳的中功率管,外形如图 3-74 所示,编辑器默认的封装为 D2PAK_N,但该封装也是表面贴装形式,不符合初学者实际使用的直插式三端稳压块,必须根据实际情况选择合适封装,根据实际元器件封装绘制。该封装为穿插式,焊盘序号与原理图符号的引脚序号以及实际元器件的引脚作用和序号完全一致,且焊盘间距和实际元器件的引脚间距相符。绘制如图 3-75 所示的三端稳压块封装 TO-220,焊盘间距为 100mil,最外框的尺寸大小为 11mm×5mm。

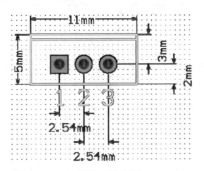

图 3-74　CW7805 外形　　　图 3-75　三端稳压块封装 TO-220

按照表 3-3 放置好元器件封并设置好封装后,完成原理图绘制,即可进行下一步操作。

在 Protel 的前期版本(如 Protel 98)中,网络表是原理图和 PCB 板之间的联系纽带,正是通过网络表,PCB 编辑器才能从封装库中调入和原理图元器件相对应的 PCB 元器件引脚封装,才知道各封装焊盘之间的相互连接关系(该连接关系就称为网络)。在 Altium Designer 21 中,并不一定要通过载入网络表才能调入 PCB 元器件封装和网络,设计者可以通过网络表查看各元器件编号、参数是否正确,封装是否合适,元器件之间的网络连接关系是否正确等。执行菜单命令 Design | Netlist For Protel,系统将建立网络表文件"三端稳压电源.NET"。

2. 规划电路板

执行菜单命令 File | New | PCB 新建一个空白的 PCB 文件,并保存文档。设计者必须根据元器件的多少、大小,以及电路板的外壳限制等因素确定电路板的尺寸大小。本任务电路板元器件不多,但为了讲解演示方便,采用了较大的电路板尺寸:3250mil×2250mil。

3. 导入网络表

Altium Designer 21 实现了真正的双向同步设计,元器件封装和网络信息既可通过在原理图编辑器中更新 PCB 文件来实现,也可通过在 PCB 编辑器中导入原理图的变化来实现。下面介绍第二种方法,即在 PCB 编辑器中利用系统生成的网络表更新元器件的封装和网络。

执行菜单命令 Design | Import Change From,系统将执行网络表和元器件封装的导入命令,弹出如图 3-76 所示对话框。

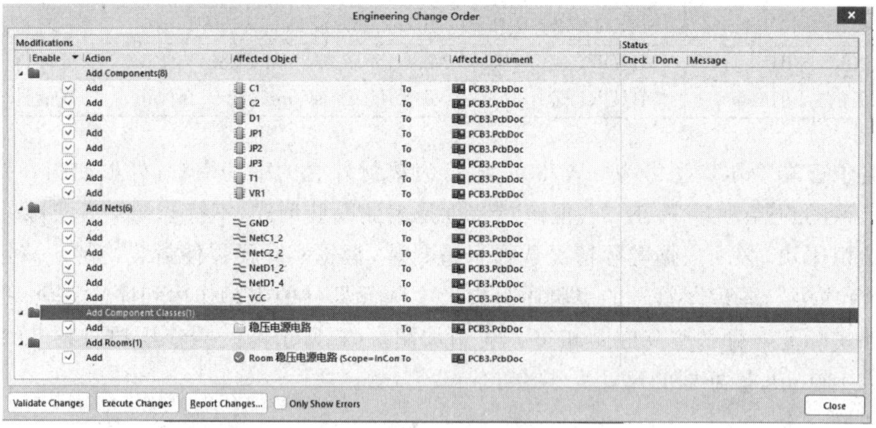

图 3-76　网络表和元器件封装的导入命令

单击 Validate Changes 按钮,系统弹出如图 3-77 所示检查封装对话框,确定元器件是否有效装入。其中 ※ 符号表示封装不正确,需要调整。当所有封装正确后,单击 Execute Changes 按钮,执行元器件封装的导入,如图 3-78 所示。

单击 Close 按钮,系统完成元器件封装导入工作。

在 PCB 编辑器中,系统导入 PCB,元器件布局。把所有元器件移到绘制好的板框内,并把 ROOM 删除后进行元器件布局,如图 3-79 所示。当 PCB 违反设计规则时,系统会呈现绿色高亮,提醒设计者注意。移动元器件,使之不重叠,可以把绿色高亮度消除。每个焊盘上都有网络标志,并由预拉线把相同网络的焊盘连接。

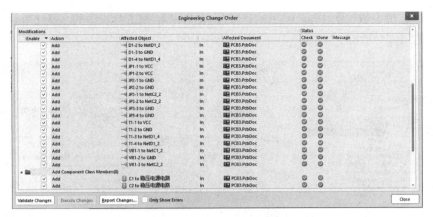

图 3-77　检查封装对话框

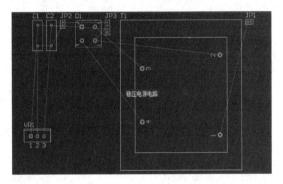

图 3-78　导入封装完成

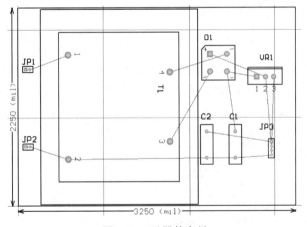

图 3-79　元器件布局

4. 设置设计规则

任务要求电源和地线的铜膜走线线宽为 30mil,采用自动布线时需要在设计规则里进行设置。执行菜单命令 Design | Rules,系统弹出 PCB 设计规则约束对话框。在图 3-80 左边的目录树中,找到 Routing 中的 Width 设置,右击 Width 弹出列表命令,单击选中 New Rules。系统即增加 Width1,改变 Name 为 VCC,增加 Width2 改变 Name 为 GND,在

Constraints 选项中依次把 Max Width、Preferred Width、Min Width 设置为 30mil。设置完成后即可关闭该对话框。

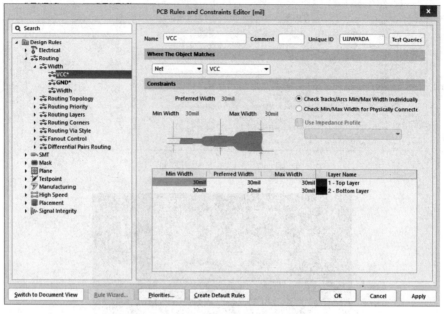

图 3-80　PCB 设计规则(线宽设置)

本任务自动布线中使用的铜膜走线是 Interactive Routing,连接的是电气对象,是具有网络的,而手工布线中选用的是 Line,没有网络连接,仅仅是一根线,在自动布线中,Line 往往仅用在禁止布线层和机械层。

5. 自动布线

1) 自动布线

执行菜单命令 Route | Auto Route | All,如图 3-81 所示。系统弹出如图 3-82 所示自动布线设置对话框,单击 Route All 按钮,系统将开始自动布线。布线结束后弹出 Messages 对话框,如图 3-83 所示,显示布线结果、布通率等信息。完成自动布线的 PCB 如图 3-84 所示。

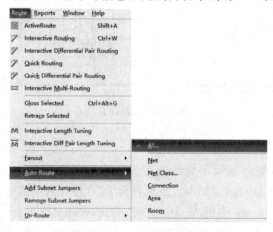

图 3-81　布线指令

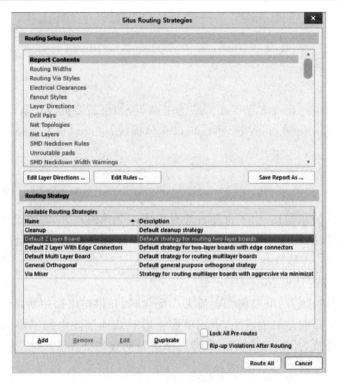

图 3-82　自动布线设置对话框

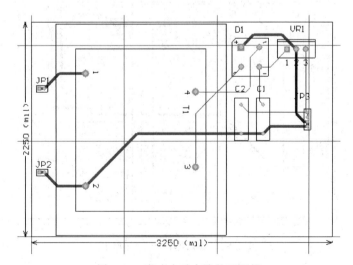

图 3-83　Messages 对话框

图 3-84　完成自动布线的双面板

2）停止布线

在布线过程中，如果发现错误，需要停止布线，可以执行菜单命令 Route | Auto Route | Stop 停止布线。

3）拆线

对正在布线的电路板或者已经布好线的电路板，如果需要拆线重新布线，可以执行菜单命令 Route | Un Route 进行拆线。拆线可以整体拆线，也可以根据网络、元器件、某个连接来拆线。

6．PCB 的优化操作

1）手动调整

对已经布好线的印制板，由于自动布线有很多不合理的地方，需要设计者根据需要进行手动调整。在 PCB 编辑器中，切换到需要修改的导线相应的板层，执行菜单命令 Place | Interactive Routing，直接修改。

2）电源部分加退耦电容

所谓退耦，即防止前后电路网络电流大小变化时，在供电电路中所形成的电流冲动对网络的正常工作产生影响。简而言之，退耦电容能够有效地消除电路网络的寄生耦合。退耦滤波电容的取值通常为 $47\sim200\mu F$。典型退耦电容的接法如图 3-85 所示。

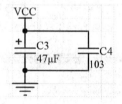

图 3-85　退耦电容的接法

在 PCB 绘制完成后，在其右下侧放置电容 C3，封装为 RB7.6-15；电容 C4，封装为 RAD0.3，如图 3-86 所示。

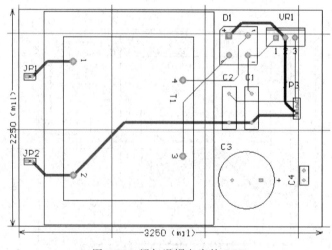

图 3-86　添加退耦电容的 PCB

双击 C3 的引脚 2,系统弹出如图 3-87 所示对话框,在属性选项"网络"下拉列表中选择 GND。系统即增加一条预拉线至 GND 网络,同样为 C3 的引脚 1 设置 VCC 网络,同样方法设置 C4。设置好网络后,再执行菜单命令 Auto Route | Net,在 PCB 上选择 GND 网络、VCC 网络进行自动布线。最后布线的效果如图 3-88 所示。

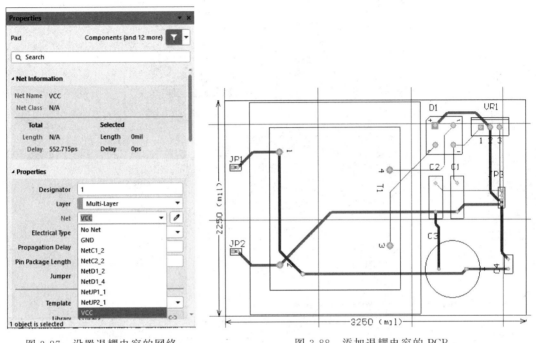

图 3-87　设置退耦电容的网络　　　　　图 3-88　添加退耦电容的 PCB

【思考题】

(1) 如果一张 PCB 已经完成布线,检查发现有一元器件封装不符合要求,请问如何快速有效地完成 PCB?

(2) 小明无法将原理图导入到 PCB 中,请你判断一下是哪里出错了?

【能力进阶之实战演练】

(1) 如图 3-89 所示为模拟信号数据采集电路原理图,请自动布线,绘制双面板,电路板的板框尺寸大小为 5000mil×5000mil。电源和地线的线宽为 30mil,一般布线的宽度为 10mil。在板子右下位置选择接插件封装,作为电源的退耦电容,接在电源端和接地端。

(2) 如图 3-90 所示为长时间定时器原理图,请自动布线,绘制双面板,电路板的板框尺寸大小为 3000mil×3000mil。电源和地线的线宽为 30mil,一般布线的宽度为 10mil。

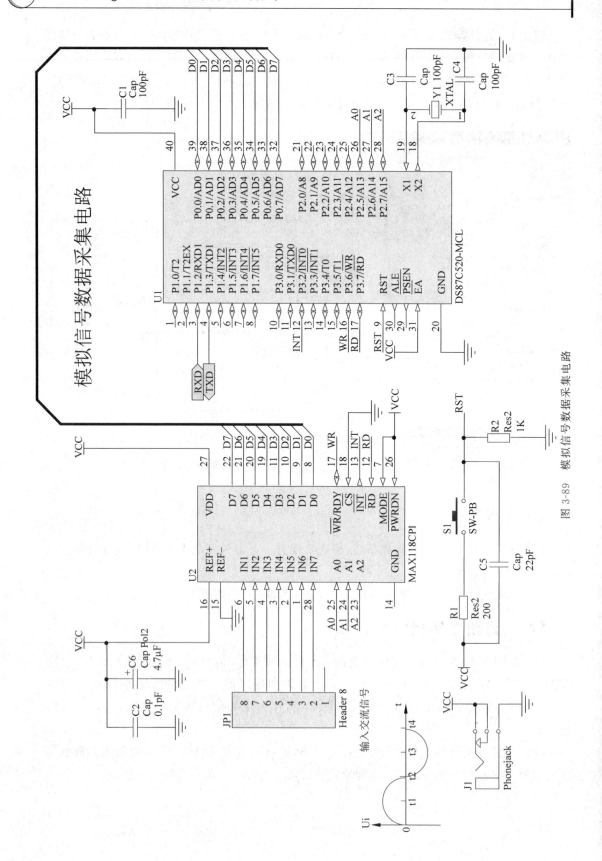

图 3-89　模拟信号数据采集电路

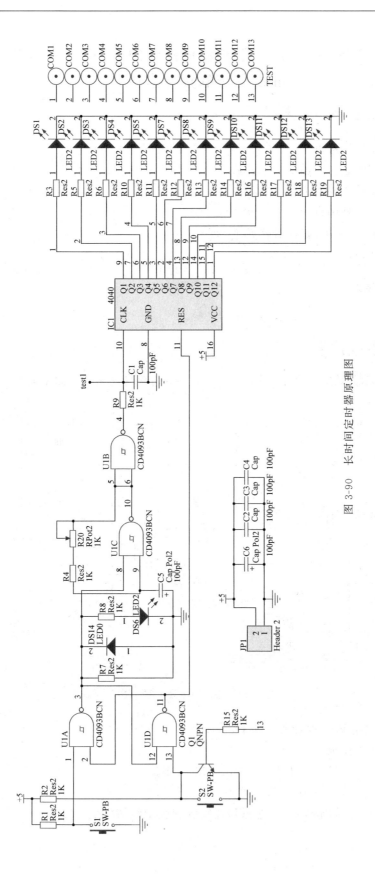

图 3-90 长时间定时器原理图

任务 3-4
铂电阻测温
电路 PCB
设计

实训任务 3-4　铂电阻测温电路 PCB 设计——自动布线设计单面电路板

【实训目标】

（1）能按要求绘制板框。

（2）能导入网络表。

（3）掌握元器件布局的方法。

（4）能进行设计规则设置。

（5）能进行 PCB 优化，如补泪滴等。

（6）能自动布线。

【课时安排】

2 课时。

【任务情景描述】

如图 3-91 所示为铂电阻测温电路，下面以此为例讲解自动布线绘制单面 PCB 的方法。

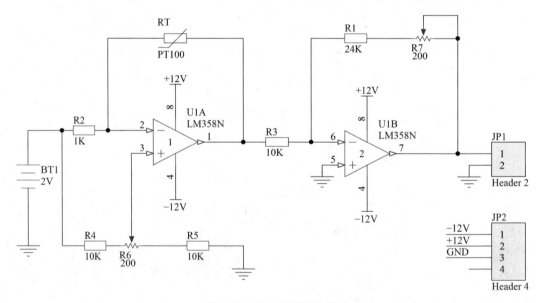

图 3-91　铂电阻测温电路

铂电阻测温电路 PCB 设计要求如下。

（1）绘制单面电路板。

（2）电路板的板框尺寸大小为 1600mil×1300mil。

（3）人工放置元器件封装，并排列整齐。

（4）自动布线，连接铜膜走线，电源和地线的铜膜走线线宽为 20mil，一般布线的宽度为 10mil。

（5）对所绘制的 PCB 的所有焊盘进行补泪滴操作。

【任务分析】

本任务是绘制 PCB 单面板，需要设置设计规则，同时，单面板因为只能在板子的一层布线，所以布局对设计者的要求很高。

【操作步骤】

1. 准备工作

新建项目、原理图文件并绘制好原理图，所有文件全部归档在"铂电阻测温电路"文件夹中。

铂电阻测温电路的元器件参数如表 3-4 所示。

表 3-4　铂电阻测温电路的元器件参数

元器件名称	标号	封装	元器件所在库	说明
Battery	BT1	Bat-2	Miscellaneous Devices. IntLib	电池
RES2	R1-R5	AXIAL0.4	Miscellaneous Devices. IntLib	电阻
RPOT2	R6-R7	VR5	Miscellaneous Devices. IntLib	电位器
Res Varistor	RT1	AXIAL0.3	Miscellaneous Devices. IntLib	铂热电阻
MHDR1X2	JP1	MHDR1X2	Miscellaneous Connectors. IntLib	接插件
MHDR1X4	JP2	MHDR1X4	Miscellaneous Connectors. IntLib	接插件
LM358N	U1	DIP-8	NSC OperationalAmplifier. Intlib	双运放

铂热电阻 RT1 的默认封装为 R2012-0805，是一个表面粘贴式封装，不符合实际设计需要，这里把它修改为 AXIAL0.3。绘制原理图后，执行菜单命令 Design|Netlist For Protel，系统将建立网络表文件"铂电阻测温电路.NET"。

2. 绘制 PCB

1）新建 PCB，并且绘制板框

执行菜单命令 File|New|PCB 新建一个空白的 PCB 文件，并保存文件。设计者在 Keep-Out Layer 绘制 1600mil×1300mil 大小的板框。

2）导入网络表

执行菜单命令 Design|Import Change From，系统将执行网络表和元器件封装的导入命令。导入后的 PCB 如图 3-92 所示。去除 ROOM，把所有的封装移入绘制好的板框内，元器件不要重叠。

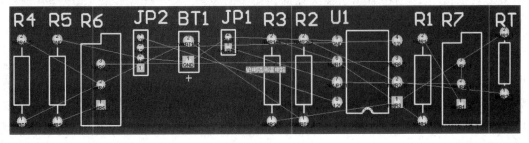

图 3-92　导入后的 PCB

3）设置设计规则

绘制单面电路板,这需要在导入网络表之后,在设计规则里进行设置。执行菜单命令 Design | Rules,系统弹出 PCB 设计规则约束对话框。在图 3-93 左边的目录树中,单击 Routing Layers 中的 RoutingLayers 设置,在 Constrains 区域中勾选 Bottom Layer 即可。紧接着设置电源线和地线的宽度。本任务中有三个电源,分别是＋12V、－12V、GND,分别设置为 20mil。

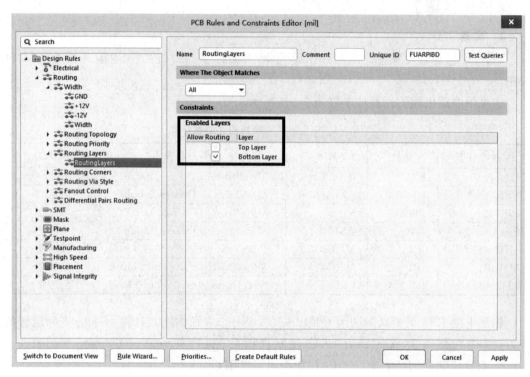

图 3-93　设计规则(设置板层)

4）自动布线

执行菜单命令 Route | Auto Route | All,系统自动完成布线。对自动布线过的 PCB 进行手工调整,如图 3-94 所示。

3. 优化操作——焊盘补泪滴

在早期的印制电路板设计中,由于铜膜走线的宽度比较大,走线密度不是特别高,泪滴焊盘的作用不明显。随着电子元器件集成度的不断提高和电路密度的不断增加,在设计比较复杂的电路时往往需要将走线的线宽设

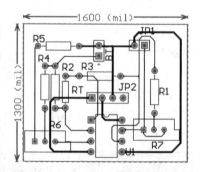

图 3-94　自动布线的单面板

置得非常小,以便能够在一定面积的印制板上布置更多的走线。随着走线宽度减小,走线与焊盘或过孔相连部分也随之减小,在加工以及焊接过程中,这些薄弱环节极易造成断线或焊盘脱落。所以,设计中往往在焊盘和过孔上添加泪滴。简而言之,补泪滴的作用就是为了增加机械强度。Altium Designer 21 提供了两种补泪滴的形状,分别是弧形过渡型和线形过

渡型。执行菜单命令 Tools｜Teardrops,系统弹出如图 3-95 所示对话框。

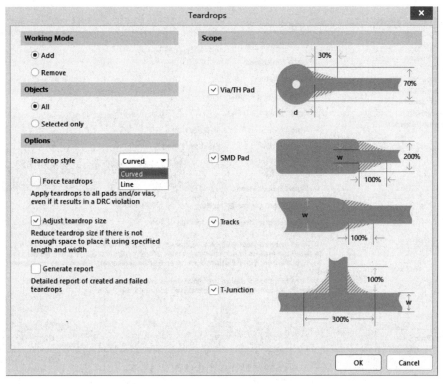

图 3-95　补泪滴对话框

在如图 3-94 所示补泪滴对话框中,对所有的焊盘和所有的过孔,只选择选中的对象,强制放置弧形过渡型泪滴,生成报告。在该补泪滴对话框中,可以选择补泪滴的形式、进行添加/删除操作、选择需要补泪滴的焊盘及过孔。弧形过渡型补泪滴效果如图 3-96 所示,线形过渡型补泪滴效果如图 3-97 所示。

图 3-96　弧形过渡型补泪滴　　　　　图 3-97　线形过渡型补泪滴

铂电阻测温电路 PCB 补泪滴效果如图 3-98 所示。

4. 设计规则检查(DRC)

自动布线后,需要对 PCB 进行设计规则检查。执行菜单命令 Tools｜Design Rules Check,弹出如图 3-99 所示的设计规则检查对话框,本任务采用默认设置。

单击 Run Design Rule Check... 按钮,Altium Designer 21 进行设计规则检查,并生成设计规则检查报告。

5. 测量距离

在实际设计过程中,往往要考虑元器件在印制板上

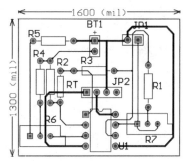

图 3-98　补泪滴效果

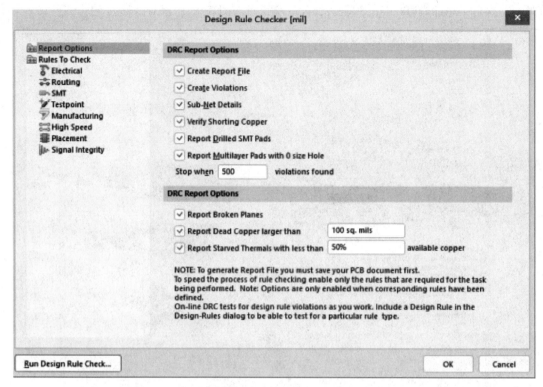

图 3-99　设计规则检查对话框

放置的位置以及印制电路板的有关尺寸有问题。一般来说,在屏幕左下方的状态栏上显示出当前位置,设计者可以通过计算两点间的距离来估算尺寸。如果需要精确测量距离,可以使用 Altium Designer 21 提供的三种测距法。它们分别是:测量两点间的距离、测量实体间的距离和测量选择的实体间的距离。

1)测量两点间的距离

执行菜单命令 Reports|Measure Distance,选择需要测量的两点,系统即弹出如图 3-100 所示对话框,显示距离。

2)测量实体间的距离

执行菜单命令 Reports|Measure Primitive,选择需要测量的两个实体,系统即弹出如图 3-101 所示对话框,显示距离。

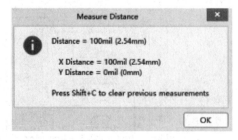

图 3-100　测量两点间的距离

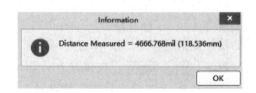

图 3-101　测量两个实体间的距离

3）测量选择的实体间的距离

执行菜单命令 Reports｜Measure Selected Objects,选择两个实体,系统即弹出如图 3-100 所示对话框,显示距离。

【思考题】

小明将原理图导入 PCB 中,却发现 PCB 中的封装全部都没有连线,请你判断一下是哪里出错了?

【能力进阶之实战演练】

（1）如图 3-102 所示为可调分频器原理图,请自动布线,绘制单面板,电路板的板框尺寸大小为 2000mil×2000mil。电源和地线的线宽为 30mil,一般布线的宽度为 10mil。

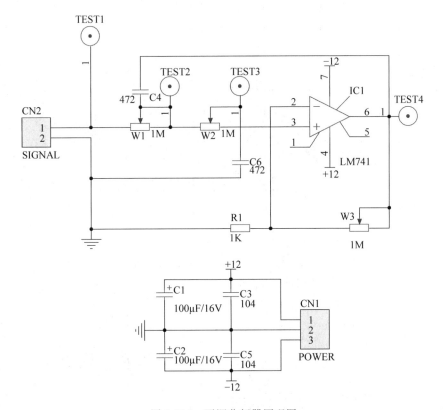

图 3-102　可调分频器原理图

（2）如图 3-103 所示为三角波发生器原理图,请自动布线,绘制单面板,电路板的板框尺寸大小为 2000mil×2000mil。电源和地线的线宽为 30mil,一般布线的宽度为 10mil。

（3）如图 3-104 所示为四位数码管显示电路原理图,请自动布线,绘制单面板,电路板的板框尺寸大小为 115mm×85mm,电路板规定了 JP1、DS1 和 7 SEG X4 的位置,如图 3-105 所示。电源和地线的线宽为 30mil,一般布线的宽度为 10mil。

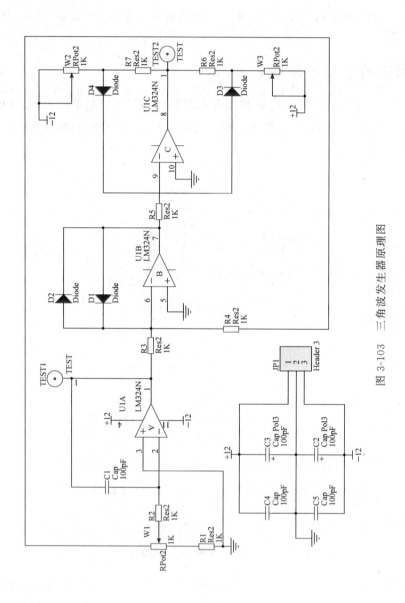

图 3-103 三角波发生器原理图

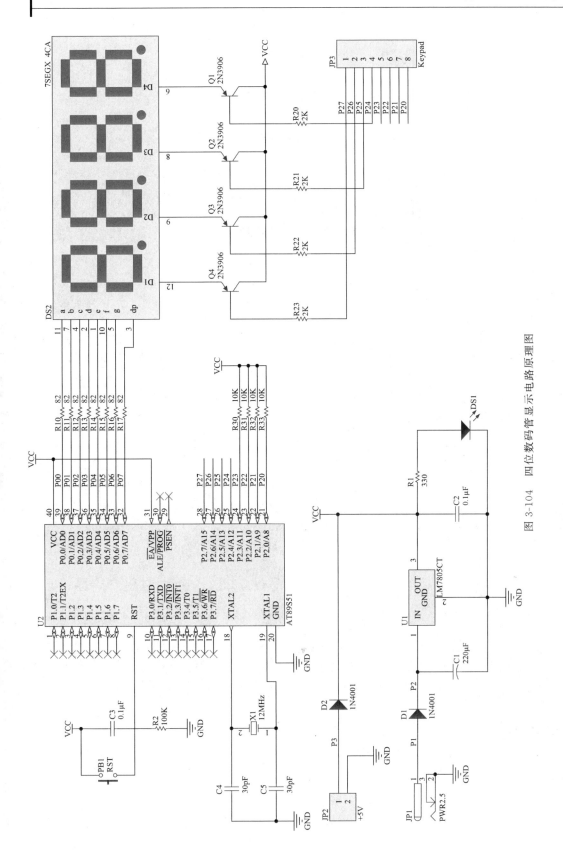

图 3-104 四位数码管显示电路原理图

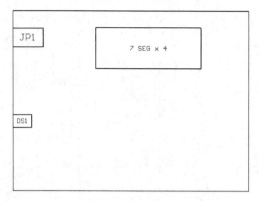

图 3-105　四位数码管显示电路布局图

项目4

PCB设计高级进阶

【项目目标】

（1）能绘制元器件原理图库及封装库。
（2）能绘制复杂原理图。
（3）能设置类、设计规则。
（4）能设计四层板。
（5）能完成设计规则检查。
（6）能生成各种报表文件。

实训任务 4-1　晶体振荡器

任务 4-1
晶体振荡器

【实训目标】

（1）能绘制原理图。
（2）能生成 BOM 文件。
（3）能设计 PCB 双面板并优化。
（4）能生成 Gerber 文件。

【课时安排】

2 课时。

【任务情景描述】

晶体振荡器电路图如图 4-1 所示。
晶体振荡器 PCB 设计要求如下。
（1）绘制原理图，并生成 BOM 文件。
（2）设计双面电路板。
（3）电路板的板框尺寸大小为 94mm×30mm。
（4）人工放置元器件封装，并排列整齐。

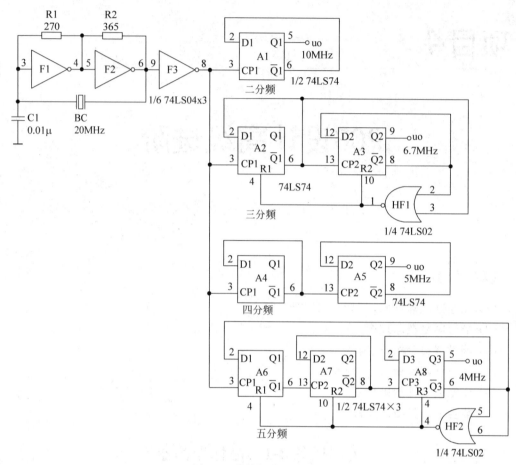

图 4-1 晶体振荡器电路图

（5）自动布线，连接铜膜走线，电源和地线的铜膜走线线宽为 30mil，一般布线的线宽为 10mil。

（6）对所绘制的 PCB 生成 Gerber 文件。

【任务分析】

这是个简单且价廉的晶体振荡器，由 74LS04、2 个电阻 R1、R2 和 1 块晶振组成。R1 和 R2 将两个反相器 F1、F2 偏置在线性范围内，并由晶振提供反馈回路，仅在晶振的基频上产生 20MHz 振荡频率，然后由反相器 F3 送至由 74LS74 构成的 D 触发器进行分频。若要进行二分频、四分频、八分频等，则遵循 2^n 分频规律（n 为级数）。如 $n=1$，则 $2^1=2$ 分频，它将 20MHz 信号频率，经 A1 二分频电路后，Q1 输出频率为 10MHz 的信号。

【操作步骤】

1. 准备工作

新建项目、原理图文件、PCB 文件，所有文件全部归档在"晶体振荡器电路"文件夹中。

1）原理图设计

在 Miscellaneous Devices.IntLib 元器件库中选取电阻、电容元器件等，并对元器件进行编号,然后设置电阻、电容和晶振值。

需要注意的是,电容 Cap 默认封装为 RAD-0.3,其中数字 0.3 表示电容两个引脚之间的间距是 300mil。事实上,一般类似于瓷片电容的小电容,引脚间距只有 100mil,所以需要根据实际情况进行修改,将封装改为 RAD-0.1。其修改步骤如下。

双击电容 Cap 打开元器件属性对话框,如图 4-2 所示,修改封装,在 Footprint 区域中单击 ✐ 按钮,弹出 PCB Model 对话框。将 Footprint Model 区域中的 Name 改为 RAD-0.1,可在属性框中预览,如图 4-3 所示。本项目中所提到的所有类似小电容封装都改为 RAD0.1,以后不再重复。

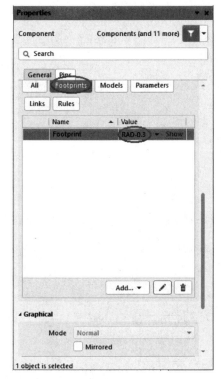
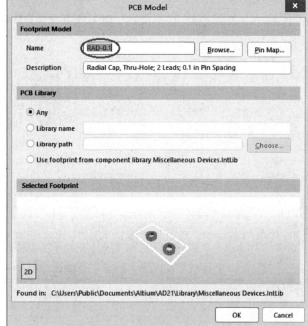

图 4-2　修改电容 Cap 的封装　　　　　　　图 4-3　电容 PCB Model

D 触发器 SN74LS74AN 是一个多子元器件。在 SN74LS74AN 属性区单击 PINS,打开元器件引脚编辑器,依次将引脚 10、13 后 Show 状态框中的“√”取消,如图 4-4 所示。由此也可看出,该芯片默认隐藏了其电源引脚。

选取元器件时应注意元器件 14 号电源引脚是 VCC 还是 VDD,虽然都是电源引脚,但网络标号却不一样,在一张电路图中应该统一。本任务中统一电源引脚为 VCC。

2) 元器件布局

布局后的原理图如图 4-5 所示。

3) 连线

单击 ≋ 按钮,进行连线操作,连线后的原理图如图 4-6 所示。

最后为原理图标上注释,单击“文本” A 按钮,在需要注释的地方一一添加文本,如“二分频”等。

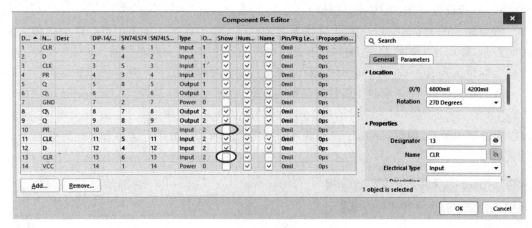

图 4-4 隐藏元器件引脚

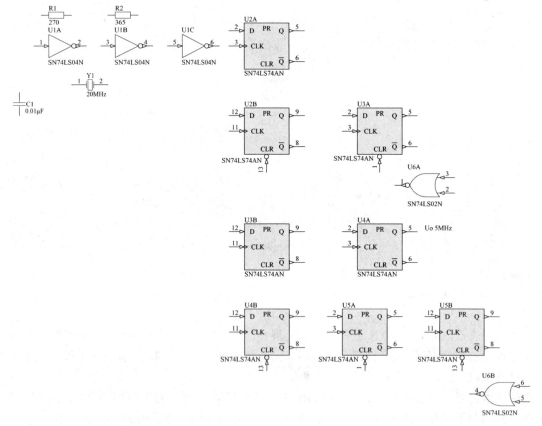

图 4-5 布局后的原理图

4）生成网络表

执行菜单命令 Design | Netlist For Document | Protel，系统在该工程文件下生成一个与该工程文件同名的网络表文件"晶体振荡器. NET"。通过网络表文件，可以很方便地查看该原理图中的元器件封装以及元器件之间的连接关系。文件主要由两部分组成，前一部分描述元器件的属性参数（元器件序号、封装和文本注释），用方括号表示；后一部分描述原

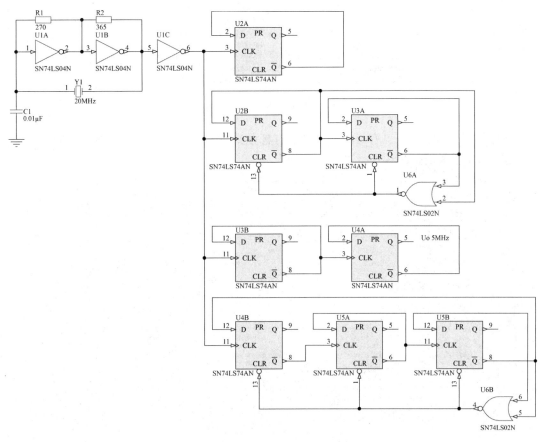

图 4-6 连线后的原理图

理图文件中的电气连接,以圆括号表示。如在图 4-7 中,序号为 C1 的元器件封装为 RAD-0.1,序号为 R1 的元器件封装为 AXIAL-0.4,U1、U2、…、U6 的 14 号引脚都与网络 VCC 相连。

5）生成元器件清单

执行菜单命令 Reports | Bill of Materials,系统在该工程文件下生成元器件清单。分别选取元器件的 Designator、Value、LibRef、Footprint 属性,并保存成 Excel 文件,如图 4-8 所示。

2. PCB 图设计

1）导入网络表和元器件

在导入网络表和元器件封装之前,应先确保原理图电路连接正确,而且所有元器件都具有唯一标注和有效封装,否则将会导致网络表文件导入时出错。

在 PCB 工作界面下,执行菜单命令 Design | Import Changes From(晶体振荡器. PRJPCB),检查导入的元器件封装和网络连接是否正确,确保 Status 栏的 Check 列中显示全部为 ,如图 4-9 所示。

若显示错误,则必须回到原理图进行修改。如果是元器件导入错误,则需查看原理图中该元

```
[                    (
C1                     GND
RAD-0.1                C1-1
                       U1-7
]                      U2-7
                       U3-7
                       U4-7
                       U5-7
                       U6-7
                     ]
[                    (
R1                     )
AXIAL-0.4            (
                       VCC
                       U1-14
                       U2-14
                       U3-14
]                      U4-14
                       U5-14
                       U6-14
                     )
```

图 4-7 网络表部分
信息

	Comment		Description	Designator		Footprint		LibRef	Quantity
1		▲	Capacitor	C1	▲	RAD-0.3	▲	Cap	1
2			Resistor	R1, R2		AXIAL-0.4		Res2	2
3	SN74LS04N		Hex Inverter	U1		DIP-14/D19.7		SN74LS04N	1
4	SN74LS74AN		Dual D-Type Posit...	U2, U3, U4, U5		DIP-14/D19.7		SN74LS74AN	4
5	SN74LS02N		Quadruple 2-Inp...	U6		DIP-14/D19.7		SN74LS02N	1
6	20MHz		Crystal Oscillator	Y1		BCY-W2/D3.1		XTAL	1

图 4-8　晶体振荡器元器件清单

器件是否具有有效封装,也有可能元器件没有标注或者标注重复等问题。如果是网络连接导入错误,则需查看原理图中此处的连线问题。

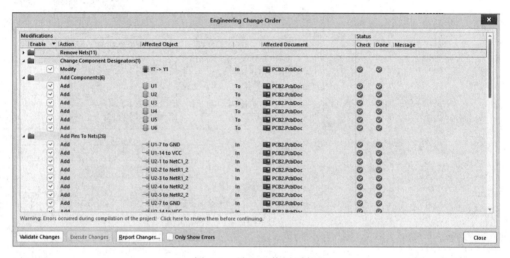

图 4-9　导入网络对话框

2）元器件布局

此项目板框大小为 94mm×30mm,仍然可以用快捷键 J+L 对板框进行定位。将设计工作层切换到 Keep-Out Layer,单击 ▣ 按钮绘制相应板框。虽然 Altium Designer 21 具有自动布局的功能,但是效果往往不尽如人意,尤其当电路图复杂元器件很多时,甚至会造成计算机死机,所以采用手工布局更为合理,布局应均匀、整齐、紧凑。

参考原理图,尽量使原理上靠近的元器件放在一起,从而使元器件之间的连线尽可能短。由于电路板中主要以 5 个 DIP-14 的芯片为主,所以尽量使这 5 个芯片的方向一致,即芯片缺口一致,并且排列整齐。此时可右击"元器件排列" ▥ 按钮如图 4-10 所示,选择具体排列的要求。也可以单击"元器件排列" ▥ 按钮,系统弹出如图 4-11 所示 Component Placement 工具栏,在这里进行设置更直观。

同时选中这 5 个元器件,依照如图 4-11 所示,设置水平和垂直间距,排列前后的对比图如图 4-12 所示。

布局后的 PCB 图如图 4-13 所示。

因为 PCB 图中没有电源接口,这将给制作完成后的电路板外接电源带来不便,所以还应在电路板上添加一个电源接口。当然最好的方法是在设计原理图时就考虑到这一点,所以在绘制原理图时可增加一个电源接口元器件。但是当 PCB 图中所有元器件布局都完成的情况下,还可以有两种方法补救。

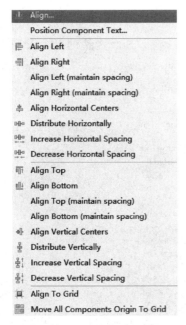

图 4-10　元器件排列工具栏

图 4-11　Component Placement 工具栏

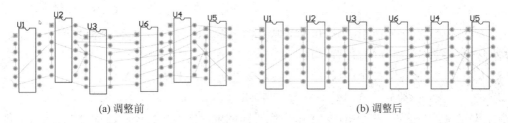

(a) 调整前　　　　　　　　　　　　　　(b) 调整后

图 4-12　利用水平排列工具调整元器件

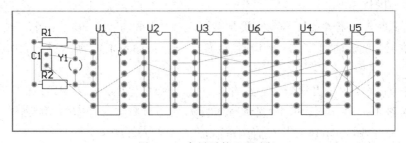

图 4-13　布局后的 PCB 图

方法一：回到原理图，在原理图中添加电源接口元器件，然后更新 PCB 图。其具体操作步骤如下。

图 4-14　添加的电源接口

(1) 修改电路：打开原理图，从 Miscellaneous Connectors .IntLib 元器件库中选取元器件 Header 2 放入电路图中，并用网络标号分别在 1 脚和 2 脚上标识 VCC 和 GND，如图 4-14 所示，然后保存文件。

（2）更新 PCB 图：执行菜单命令"Design｜Update PCB 晶体振荡器. PcbDoc"，检查原理图修改后导入的元器件封装和网络连接是否正确，确保 Status 栏的 Check 列中显示全部为 ◈，如图 4-15 所示，元器件就被添加到了 PCB 图中。

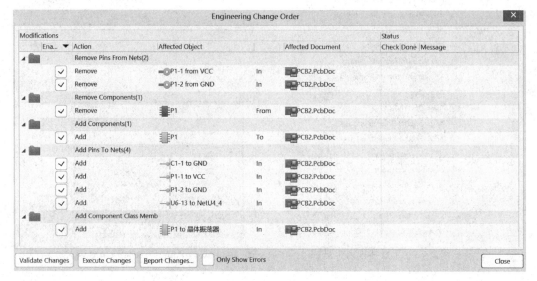

图 4-15　更新 PCB 图时的导入网络窗口

所以，如果在设计 PCB 图时发现原理图有错需要修改，此时可回到原理图对电路进行修改，修改完毕后更新 PCB 图就可以了。

方法二：直接在 PCB 图中添加电源接口封装。其具体操作步骤如下。

（1）选取元器件：在 PCB 环境下打开 Components 面板，选择 Footprints。从 Miscellaneous Connectors. IntLib 库中选取 2 针单排插针 HDR1×2，将标号改为 J1，并将元器件放置在电路板的左下角。

（2）添加网络：双击元器件的 1 号焊盘打开"焊盘属性"对话框，从 Net 下拉列表框中选择 VCC，此时该元器件的 1 号引脚被加载了 VCC 网络，并与电路板中的其他 VCC 网络间自动产生了飞线。同理，为 2 号引脚加载 GND 网络，如图 4-16 所示。加载网络后的元器件如图 4-17 所示。

（3）添加标识：为了更清楚地表达电源和地，分别在焊盘旁标识 VCC 和 GND。将设计工作层切换到 Top Overlay，单击"文本"按钮 Ａ，在 1 号脚旁边放置符号 VCC。同理，在 2 号引脚旁放置符号 GND，添加标识后的电源接口如图 4-18 所示。

3）手工布线

完善的布局是布线的良好开端。当然在布线的过程中可能会发现之前的布局有不妥之处，此时可根据布线要求再次调整布局，然后进行布线，直到布线完成。通常在进行布线之前，需要对电路板的布线规则进行设置，然后按此布线规则进行布线。当然大部分参数都可采用系统默认的布线规则，但是其中一项必须由设计者自己设置，即线宽。

根据电路板电流的大小，应尽量加粗电源线宽度，减少环路电阻。同时使电源线、地线的走向和数据传递的方向一致，这样有助于增强抗噪声能力。通常电源线可加粗至 30～40mil，

图 4-16　为焊盘添加网络

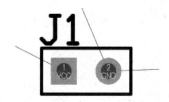

图 4-17　加载网络后的电源接口

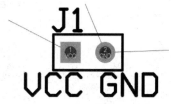

图 4-18　添加标识后的电源接口

地线加粗至 40～50mil,甚至更粗。修改线宽的步骤如下。

执行菜单命令 Design | Rules 打开"布线参数设置"对话框,展开 Routing 中的 Width 选项,如图 4-19 所示。系统默认的线宽只有一种为 10mil,而且适用于所有网络。右击 Width 选项弹出的快捷菜单,如图 4-20 所示,选择 New Rule,系统将在布线宽度选项中添加新的布线宽度子项 Width_1,单击该子项,在其右边的设置栏中将 Name 设置为 VCC。在 Where The First Object Matches 区域中选择 Net 选项,并在其右边的下拉框中选择 VCC,即设置电源线的宽度。在 Constraints 区域中将 Max Width(最大宽度)、Preferred Width(首选宽度)、Min Width(最小宽度)依次设置为 30mil,如图 4-21 所示。同理,再添加地线宽度项,其线宽为 40mil。

这样就有了 3 种布线宽度规则,如图 4-22 所示。另外,在布线过程中线宽的优先权也是至关重要的,系统默认优先权最低的为 Width_0,那么此处优先权最高的是 Width_2(GND)为 40mil,其次是 Width_1(VCC)为 30mil,最后是 Width_0(信号线)为 10mil。若要修改优先权,可展开 Routing Priority 选项进行修改。如果把 Width_0(信号线)的优先权设为最高,那么另外两个线宽设置就失去了意义,整块电路板中的所有线宽都将是 10mil。

在布线过程中,应该让布线长度尽量短,以减少由于走线过长带来的干扰问题。同时,

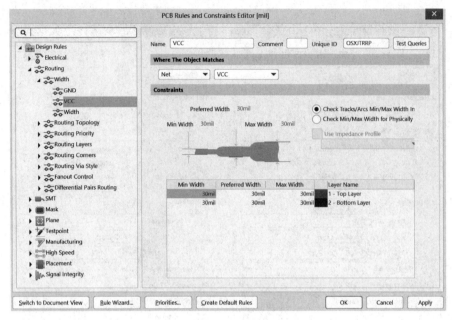

图 4-19 布线参数设置对话框

图 4-20 右键快捷菜单

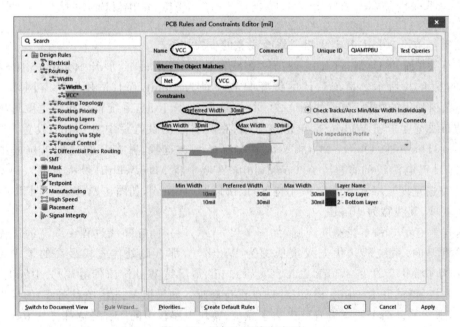

图 4-21 添加电源线宽度项

走线应避免锐角和直角,应采用 45°走线,相邻层信号线尽量为正交方向。

图 4-22　三种布线宽度规则

虽然在绘制原理图时,没有对 5 个芯片的电源(14 脚)和地(7 脚)进行相应连接,但是导入 PCB 图后可以发现,系统对 5 个芯片的电源和地线进行了自动连线,因为引脚的网络相同,所以自动连接了电源和地线。

先布顶层的线,将设计工作层切换到 Top Layer,单击铜膜走线绘制 按钮开始手工布线,顶层布线后的 PCB 图如图 4-23 所示。

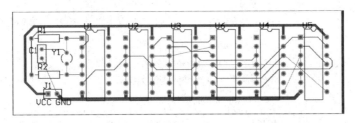

图 4-23　顶层布线后的 PCB 图

再布底层的线,将设计工作层切换到 Bottom Layer,单击铜膜走线绘制 按钮开始手工布线,完成布线后的 PCB 图如图 4-24 所示。

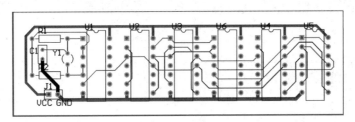

图 4-24　完成布线后的 PCB 图

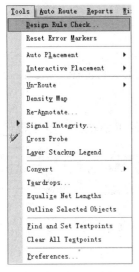

图 4-25　选择 Tools | Design Rule Check 选项

4) 设计规则检查(DRC)

执行菜单命令 Tools | Design Rule Check(图 4-25),弹出如图 4-26 所示的设计规则检查对话框,这里采用默认设置,然后单击 Run Design Rule Check... 按钮开始检查,并生成 DRC 报告文件,如图 4-27 所示。通过查看报告,Violations Detected 的结果为 0,所以并没有违背任何规则。

5) 裁板

最后根据电路图板框大小绘制边框线并进行裁板,即确定电路板大小。裁板时,执行菜单命令 Design | Board Shape | Redefine Board Shape from Selected Objects(图 4-28)。执行该命令后,光标将变为"十"字形状,将光标移动至适当的位置,单击,确定板边的起点,移动依次确定各板边,从而形成一个四边形的电路板。注意布线区距离电

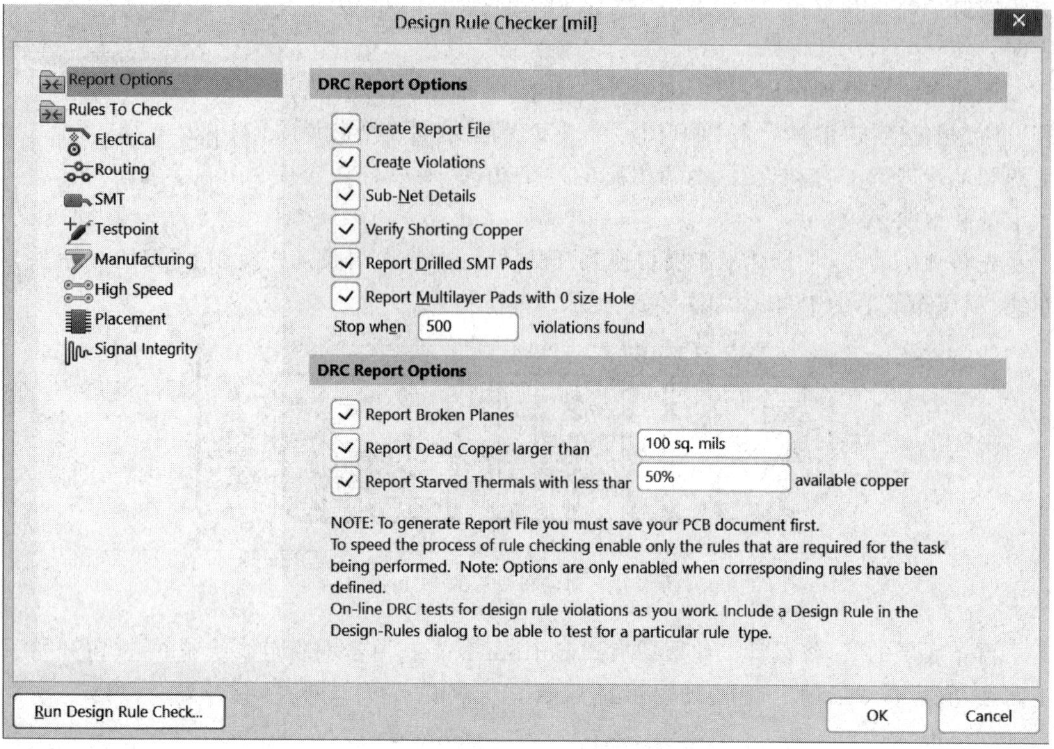

图 4-26 设计规则检查对话框

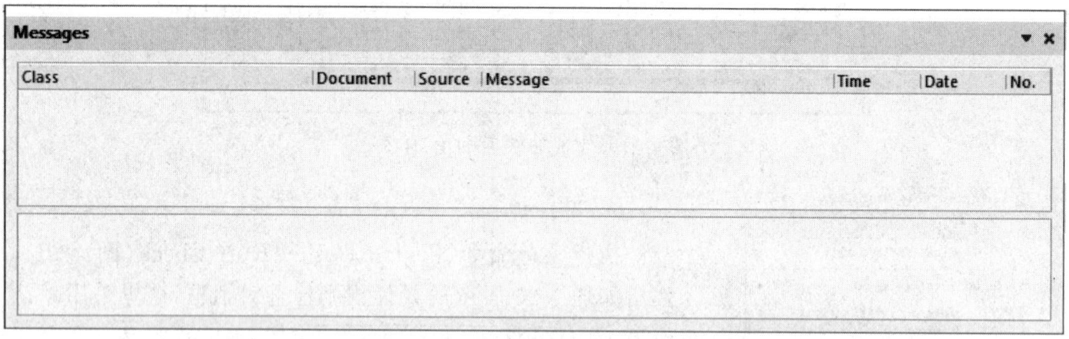

图 4-27 DRC 报告文件

路板边缘应大于 5mm,并在电路板四角安装定位孔,定位孔直径可根据实际电路板尺寸确定,一般可取 3mm。最后制作完成的电路板如图 4-29 所示。

如果设计要求中严格规定电路板的尺寸大小,此时应该在元器件布局之前就规划电路板尺寸,即绘制边框线,然后在规定区域内对元器件进行布局与布线。

6) 3D 效果图

执行菜单命令 View | 3D Layout Mode,显示 PCB 的三维立体图,如图 4-30 所示。

3. 工艺文件

Gerber 是一款计算机软件,是线路板行业软件描述线路板(线路层、阻焊层、字符层等)图像及钻、铣数据的文档格式集合,是线路板行业图像转换的标准格式。PCB Layout 工程

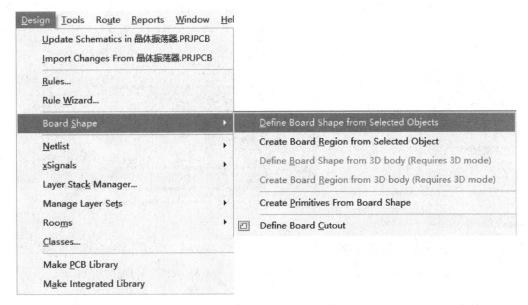

图 4-28　选择 Design | Board Shape | Define Board Shape from Selected Objects 选项

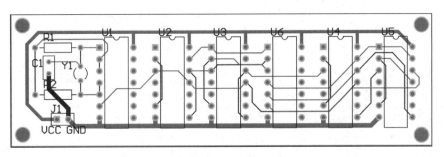

图 4-29　制作完成的电路板

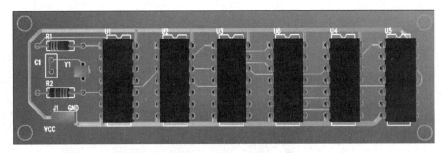

图 4-30　电路板 3D 立体图

师交付给 PCB 生产商的是 Gerber 等工艺文件,而不是 PCB 图。输出 Gerber 文件,执行菜单命令 File | Fabrication Outputs | Gerber Files,如图 4-31 所示。系统弹出如图 4-32 所示设置 Gerber 文件对话框,单击 Layer 选项卡,选择 Gerber 文件的层次如图 4-33 所示。随后系统生成 CAMtastic1. Cam 文件,即 Gerber 文件,如图 4-34 所示。实际上 Gerber 文件不止一个,而是一组,如图 4-35 所示。

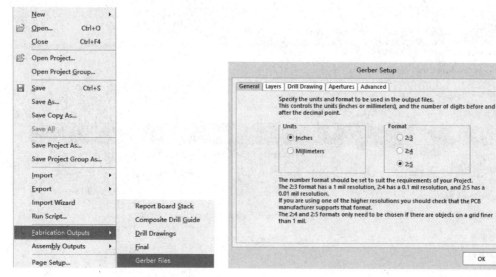

图 4-31　输出 Gerber 文件　　　　　　　　　　　图 4-32　设置 Gerber 文件

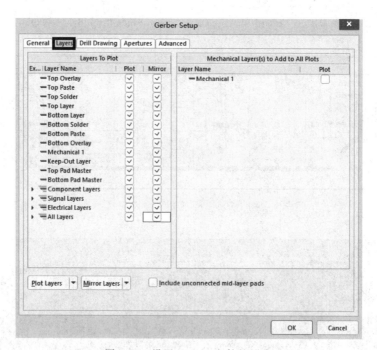

图 4-33　设置 Gerber 文件的层次

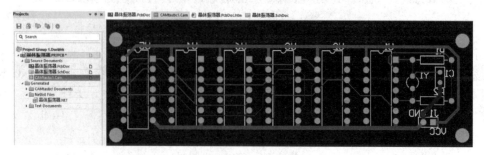

图 4-34　Gerber 文件

图 4-35　Gerber 系列文件

【思考题】

有同学在设计晶体振荡器电路板时,发现 PCB 中有两组电压 VCC 和 VDD,应该如何解决?

【能力进阶之实战演练】

(1) 完成如图 4-36 所示单片调频发射电路的原理图和 PCB 图设计,输出 BOM 文件、Gerber 文件及钻孔文件。

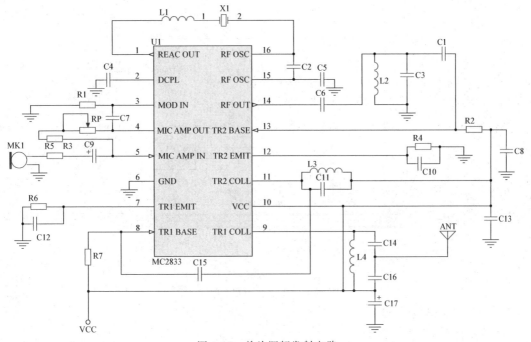

图 4-36　单片调频发射电路

（2）完成如图 4-37 所示语音控制电路的原理图和 PCB 图设计，输出 BOM 文件、Gerber 文件及钻孔文件。

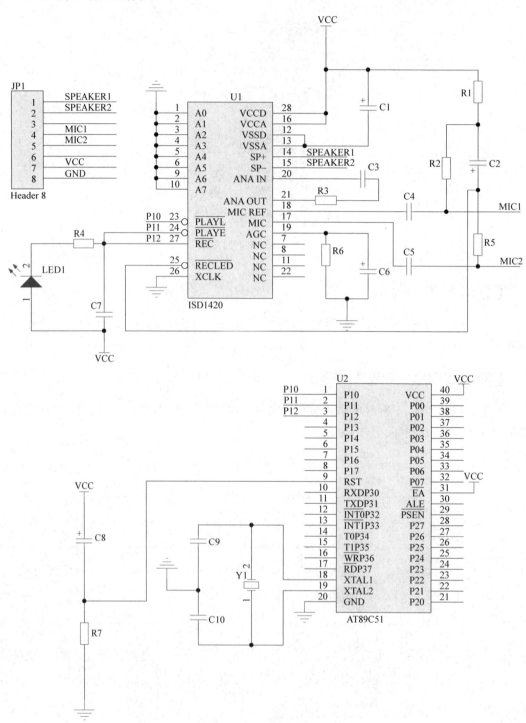

图 4-37　语音控制电路

实训任务 4-2　光控走马灯

任务 4-2
光控走马灯

【实训目标】

（1）能绘制元器件原理图库及封装库。

（2）绘制原理图。

（3）能生成 BOM 文件。

（4）能设计 PCB 单面板并优化。

（5）能完成设计规则检查。

（6）能生成 Gerber 文件。

【课时安排】

4 课时。

【任务情景描述】

光控走马灯电路图如图 4-38 所示。

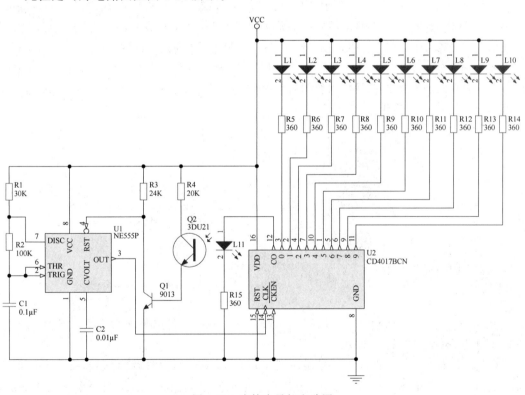

图 4-38　光控走马灯电路图

光控走马灯 PCB 设计要求如下。

（1）绘制原理图,并生成 BOM 文件。

（2）设计单面电路板。

（3）电路板的板框尺寸大小为 110mm×60mm。

（4）人工放置元器件封装，并排列整齐。

（5）自动布线，连接铜膜走线，电源和地线的铜膜走线线宽为 30mil，一般布线的宽度为 10mil。

（6）对所绘制的 PCB 板生成 Gerber 文件。

（7）对所绘制的 PCB 板生成钻孔文件。

【任务分析】

由 555 芯片及其外围电路构成多谐振荡器输出方波信号，通过光电转换电路控制十进制计数器 CD4017 进行计数。在无光照时，走马灯以一定的频率轮流发光；在有光照时，走马灯停止轮流发光。

【操作步骤】

1. 准备工作

新建项目、原理图文件、PCB 文件，所有文件全部归档在"光控走马灯"文件夹中。

在设计原理图之前，应先观察所需的元器件符号或封装是否都能在 Altium Designer 21 库中找到，若找不到相符的，则需要重新设计。由于 Altium Designer 21 中发光二极管和光敏三极管自带的封装与实际元器件不相符，所以需要根据实物重新设计。

光敏三极管 3DU21 从外观上看只有 2 个引脚（图 4-39），集电极 C 和发射极 E，其基极 B 为受光窗口。将元器件符号的引脚号和引脚名分别显示，如图 4-40 所示。由于该元器件外观与发光二极管极为相似，下面介绍手工绘制的方法。

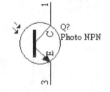

图 4-39　光敏三极管 3DU21　　　　图 4-40　光敏三极管引脚示意图

新建一个名为 PCBCOMPONENT_1 的元器件，将元器件名修改为 SJG。依然从工作区的基准点开始绘制，其具体操作步骤如下。

（1）绘制轮廓线：将设计工作层切换到 Top Overlay，通过快捷键 Q 键将度量单位切换为公制（mm）。从 Pcb Lib Placement 工具栏中选取圆绘制 ⊙ 按钮，绘制一个半径为 5mm 的圆，如图 4-41 所示。

（2）绘制焊盘：选取焊盘放置 ◉ 按钮，在离中心点 3mm 的 X 轴两端各放置 1 号和 3 号焊盘，焊盘大小为默认，如图 4-42 所示。为了便于区分光敏三极管的极性，将 1 号焊盘改成方形，制作完成的光敏三极管封装如图 4-43 所示。

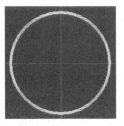
图 4-41　绘制圆形轮廓

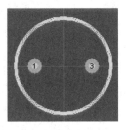
图 4-42　绘制焊盘

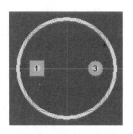
图 4-43　制作完成的光敏三极管封装

2. 原理图设计

1）选取元器件

在 Miscellaneous Devices. IntLib 元器件库中选取阻容元器件等,并对元器件进行编号,然后设置电阻和电容值。注意修改电容、发光二极管和光敏三极管的封装分别为 RAD-0.1、LED 和 SJG。

电路图中一共有 11 个发光二极管,从 Miscellaneous Devices. IntLib 元器件库中选取名为 LED2 的发光二极管,使元器件处于悬浮状态,通过快捷键 Tab 打开元器件属性对话框,设置 Designator 属性为 L1,封装为 LED。随后放置的发光二极管将依次从 L1 开始自动编号,直到 L11。

通过搜索查找元器件 NE555 和 CD4017B,并加载相应的元器件库。根据搜索结果得知,NE555P 在 TI Analog Timer Circuit. IntLib 集成库中,CD4017BCN 在 FSC Logic Counter. IntLib 集成库中。元器件库中 NE555P 的引脚是按照引脚号排列的,为了使绘图简单并且电路图清晰,可修改元器件引脚的排列顺序,使其按照引脚功能排列。其具体操作步骤如下。

(1) 复制原元器件:打开 NE555P 所在的集成库文件 TI Analog Timer Circuit. IntLib,该集成库存于 Library 目录下 Texas Instruments 文件夹中。从该库 SCH Library 管理面板的元器件列表中找到元器件 NE555P,右击该文件名在弹出的快捷菜单中选择 Copy,即复制该元器件。

(2) 粘贴原元器件至原理图元器件库:切换回光控走马灯. SchLib 的 SCH Library 管理面板,右击在弹出的快捷菜单中选择 Paste,即将元器件 NE555P 加载到"光控走马灯. SchLib"中。

(3) 修改元器件:改变元器件引脚的位置,修改后放置到原理图上,如图 4-44 所示。

2）元器件布局

以两块集成芯片为核心元器件,将各元器件摆放整齐,为后面的电路连接工作做好准备,这样会大大减少后期的调整布局工作,布局后的原理图如图 4-45 所示。

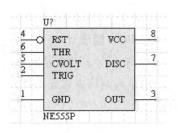
图 4-44　元器件 NE555P

3）连线

单击 ≈ 按钮,进行连线操作,并添加相应的电源和地。连线后的原理图如图 4-45 所示。

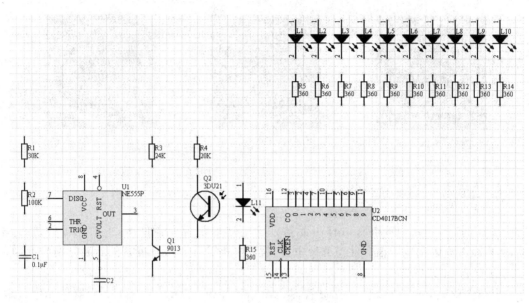

图 4-45　布局后的原理图

4）生成网络表

执行菜单命令 Design | Netlist For Project | Protel，系统在该工程文件下生成一个与该工程文件同名的网络表文件"光控走马灯. NET"。

5）生成元器件清单

执行菜单命令 Reports | Bill of Materials，系统在该工程文件下生成元器件清单。分别选取元器件的 Designator、Value、LibRef、Footprint 属性，并保存成 Excel 文件，如图 4-46 所示。

	Comment	Description	Designator	Footprint
1		Capacitor	C1, C2	RAD-0.1
2	LED0	Typical INFRARED...	D?	LED-0
3		Typical RED, GREE...	L1, L2, L3, L4, L5, L...	LED
4	9013	NPN General Pur...	Q1	BCY-W3/D-
5	3DU21	NPN Phototransis...	Q2	SJG
6		Resistor	R1, R2, R3, R4, R5...	AXIAL-0.4
7	NE555P	Precision Timer	U1	DIP-8/D11
8	CD4017BCN	Decade Counter/...	U2	DIP-16

图 4-46　光控走马灯元器件清单

3. PCB 图设计

1）导入网络表和元器件

在导入网络表和元器件封装之前，应先确保原理图电路连接正确，而且所有元器件都具有唯一标注和有效封装，否则将会导致网络表文件导入时出错。

在 PCB 工作界面下，执行菜单命令"Design | Import Changes From【光控走马灯. PRJPCB】"，检查导入的元器件封装和网络连接是否正确，确保 Status 栏的 Check 列中显示全部为 ▨ ，如图 4-47 所示，若显示错误则必须回到原理图进行修改。

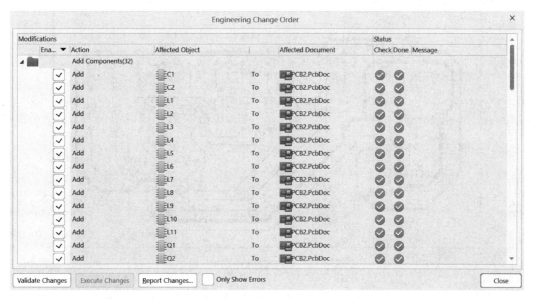

图 4-47 导入网络窗口

2）元器件布局

此项目板框大小为 110mm×60mm。仍然可以用快捷键 J＋L 对板框进行定位。将设计工作层切换到 Keep-Out Layer，单击直线绘制 / 按钮在图纸绘制相应板框。在 PCB 图中还是以两块集成芯片为核心元器件，同时参考原理图，尽量使原理上靠近的元器件放在一起，从而使元器件之间的连线尽可能短。发光二极管作为电路的显示部分，应放在整块电路板的上方，并且按照低位到高位的顺序排列，当电路板工作时方便观察。

3）手工布线

在此同样要加粗电源线和地线的宽度，执行菜单命令 Design | Rules 打开"布线参数设置"对话框，展开 Routing 中的 Width 选项。右击 Width 选项在弹出的快捷菜单中选择 New Rule，系统将在布线宽度选项中添加新的布线宽度子项 Width_1，在其右边的设置栏中将 Name 设置为 VCC。在 Where The First Object Matches 区域中选择 Net 选项，并在其右边的下拉列表中选择 VCC，即设置电源线的宽度。在 Constraints 区域中将 Maximum Width（最大宽度）、Preferred Width（首选宽度）、Min Width（最小宽度）都设置为 30mil。同理，添加地线宽度项，其线宽为 40mil。

布线后的 PCB 图如图 4-48 所示。

4）设计规则检查（DRC）

执行菜单命令 Tools | Design Rule Check，采用默认设置，然后单击 `Run Design Rule Check...` 按钮开始检查，并生成 DRC 报告文件，如图 4-49 所示。通过查看报告，Violations Detected 的结果为 0，所以并没有违背任何规则。

5）裁板

根据电路图板框大小绘制边框线并进行裁板，即确定电路板大小。裁板时，执行菜单命令 Design | Board Shape | Redefine Board Shape From Seleceted Objects，光标将变为"十"字形，将光标移动至适当的位置，单击，确定板边的起点，移动依次确定各板边，从而形成一

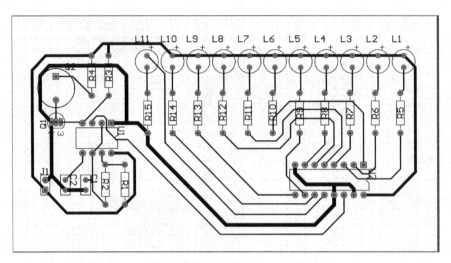

图 4-48 完成布线后的 PCB 图

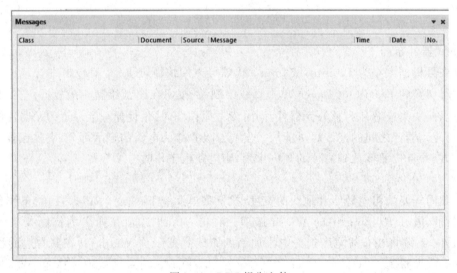

图 4-49 DRC 报告文件

个四边形的电路板。注意布线区距离电路板边缘应大于 5mm,并在电路板四周安装定位孔,定位孔直径可根据实际电路板尺寸确定,一般可取 3mm。增加电源接插件 J1。制作完成的电路板如图 4-50 所示。

6)3D 效果图

执行菜单命令 View | 3D Layout Mode,显示 PCB 板的三维立体图,如图 4-51 所示。

4. 工艺文件

(1)输出 Gerber 文件,执行菜单命令 File | Fabrication Outputs | Gerber Files,系统生成 CAMtastic1. Cam 文件,即 Gerber 文件,如图 4-52 所示。

(2)输出钻孔文件,执行菜单命令 File | Fabrication Outputs | NC Drill Drawings,系统弹出钻孔设置对话框,如图 4-53 所示。随后导入钻孔,如图 4-54 所示,最终,钻孔文件如图 4-55 所示。

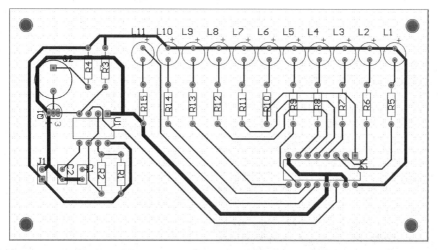

图 4-50　制作完成的电路板

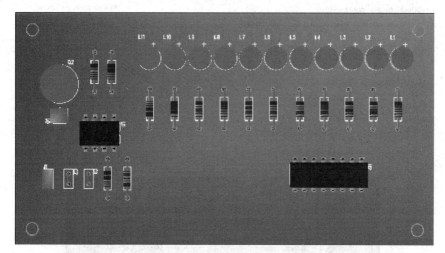

图 4-51　电路板 3D 示意图

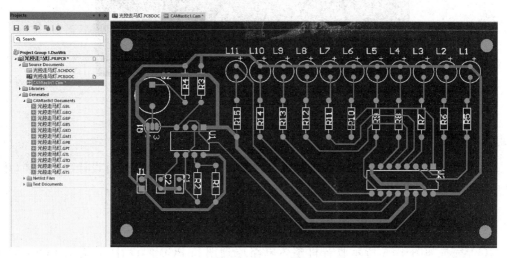

图 4-52　Gerber 文件

图 4-53　钻孔设置对话框　　　　　　　　图 4-54　导入钻孔

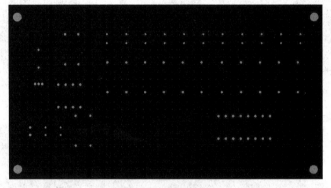

图 4-55　钻孔文件

【思考题】

现接到一笔订单,需要把光控走马灯设计成圆形板,把所有 LED 灯设计贴片封装,并作圆形排列,双面走线,你有什么办法?

【能力进阶之实战演练】

(1) 完成如图 4-56 所示收音机整体电路原理图和 PCB 的设计,并输出 BOM 文件、Gerber 文件及钻孔文件。

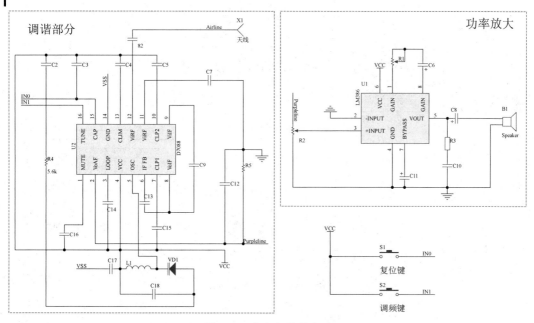

图 4-56　收音机整体电路

（2）完成如图 4-57 所示霓虹灯电路原理图和 PCB 的设计，并输出 BOM 文件、Gerber 文件及钻孔文件。

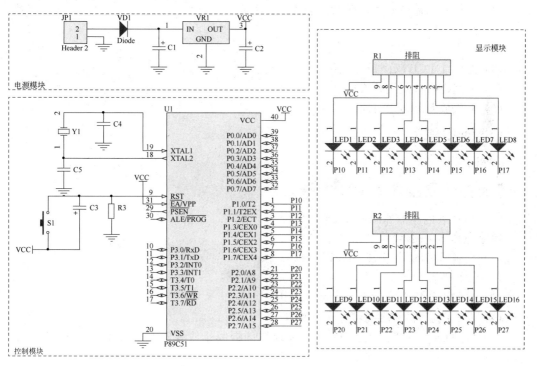

图 4-57　霓虹灯电路

（3）完成如图 4-58 所示电子幸运转盘原理图和 PCB 的设计，并输出 BOM 文件、Gerber 文件及钻孔文件。

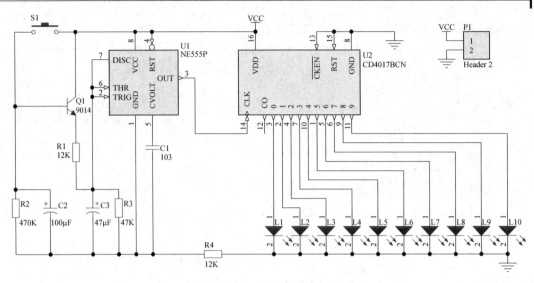

图 4-58　电子幸运转盘

任务 4-3
数字电压表

实训任务 4-3　数字电压表

【实训目标】

（1）能绘制元器件原理图库及封装库。

（2）能绘制原理图。

（3）能生成 BOM 文件。

（4）能设计 PCB 双面板并优化。

（5）能完成设计规则检查。

（6）能生成 Gerber 文件。

【课时安排】

2 课时。

【任务情景描述】

数字电压表电路图如图 4-59 所示。

数字电压表 PCB 设计要求如下。

（1）绘制原理图，并生成 BOM 文件。

（2）设计双面电路板。

（3）电路板的板框尺寸大小为 2400mil×2435mil。

（4）人工放置元器件封装，并排列整齐。

（5）自动布线，连接铜膜走线，电源和地线的铜膜走线线宽为 30mil，一般布线的宽度为 10mil。

（6）对所绘制的 PCB 板生成 Gerber 文件。

【任务分析】

ICL7107 是一块应用非常广泛的集成电路。它包含 31/2 位数字 A/D 转换器，可直接

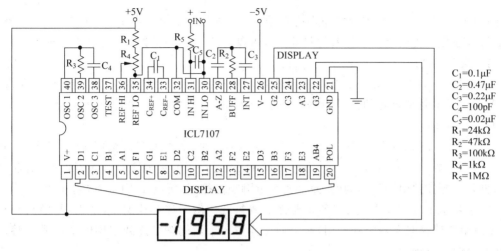

图 4-59 数字电压表电路图

驱动 LED 数码管,内部设有参考电压、独立模拟开关、逻辑控制、显示驱动、自动调零功能等。数字电压表是该芯片的典型应用电路之一,其中数字显示用的数码管为共阳型,分压电阻选用误差较小的金属膜电阻。

【操作步骤】

1. 准备工作

新建项目、原理图文件、PCB 文件,所有文件全部归档在"数字电压表"文件夹中。

1) 元器件封装库设计

由于 Altium Designer 21 中数码管和可变电阻自带的封装与实际元器件不相符,所以需要根据实物进行修改或重新设计。下面介绍可变电阻封装的制作,实际元器件如图 4-60 所示。

双击打开工程文件列表中的元器件封装库文件"数字电压表.PcbLib",在该库中新建一个名为 PCBCOMPONENT_1 的元器件。双击该元器件,在弹出的"元器件重命名"属性栏中,将元器件名修改为 RP。

依然从工作区的基准点开始绘制,其具体操作步骤如下。

(1) 绘制边框线:通过快捷键 Q 将度量单位切换为公制(mm)。从 Pcb Lib Placement 工具栏中选取直线绘制 ╱ 按钮,绘制一个长为 1cm,宽为 5mm 的长方形,如图 4-61 所示。

(2) 绘制焊盘:将设计工作层切换到 Top Overlayer,将边框中心移至基准点,选取焊盘放置 ⊙ 按钮,在元器件中心放置 1 号焊盘。根据该元器件的对称性,在距离基准点 2.5mm 的中心轴上分别绘制 2 号和 3 号焊盘,制作完成的可变电阻封装如图 4-62 所示。

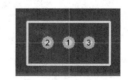

图 4-60 元器件可变电阻   图 4-61 绘制长方形边框   图 4-62 制作完毕的可变
         示意图   电阻封装

在绘制元器件封装的过程中,有时候可以移动元器件将某部位重新对齐工作区的基准点,这样有助于计算尺寸来放置元器件的其他部件。如本任务中第一步在绘制边框线时,边框的左上角与基准点对齐,为了便于计算尺寸放置焊盘,将绘制完毕的边框中心移至基准点。

2) 原理图设计

在 Miscellaneous Devices. IntLib 元器件库中选取阻容元器件等,并对元器件进行编号,然后设置电阻和电容值。注意修改电容、可变电阻和数码管的封装分别为 RAD-0.1、RP 和 LED8SEG。

通过搜索查找元器件 ICL7107,并加载相应的元器件库。根据搜索结果得知,ICL7107CJL 在 Maxim Converter Analog to Digital. IntLib 集成库中。元器件库中该芯片的引脚并不是按照引脚号排列的,而是按照引脚功能排列,所以使用的时候需注意。

以芯片 ICL7107 为核心,将各元器件摆放整齐。由于该芯片的 40 个引脚排列十分紧密,所以给布线带来了一定的麻烦,所以该芯片与 4 个数码管的连线采用网络标号代替,这样使电路清晰可辨。

连线后的原理图如图 4-63 所示。

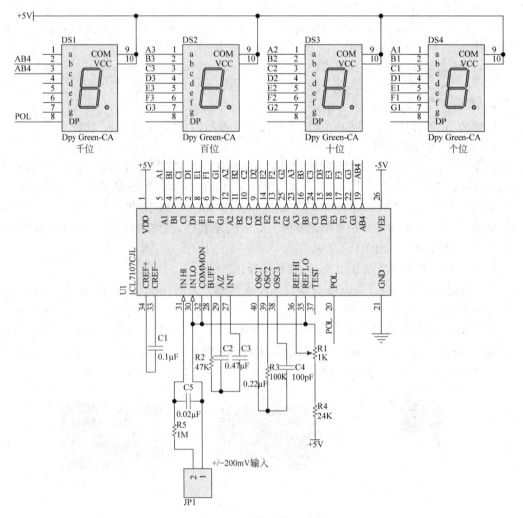

图 4-63　连线后的原理图

其中主芯片模块电路如图 4-64 所示,显示模块电路如图 4-65 所示。

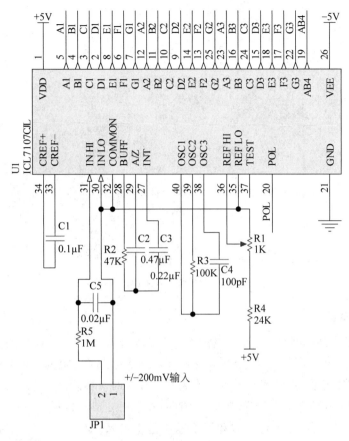

图 4-64　主芯片模块电路

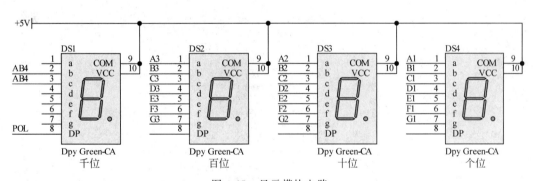

图 4-65　显示模块电路

最后为电路图标上注释,单击文本 **A** 按钮,在需要注释的地方一一添加文本。

3) 生成网络表

执行菜单命令 Design | Netlist For Project | Protel,系统在该工程文件下生成一个与该工程文件同名的网络表文件"数字电压表.NET"。

4) 生成元器件清单

执行菜单命令 Reports | Bill of Materials,系统在该工程文件下生成元器件清单。分别

选取元器件的 Designator、Value、LibRef、Footprint 属性,并保存成 Excel 文件,如图 4-66 所示。

	Designator ▲	Value	LibRef	Footprint ▲
1	C1	0.1μF	Cap	RAD-0.1
2	C2	0.47μF	Cap	RAD-0.1
3	C3	0.22μF	Cap	RAD-0.1
4	C4	100pF	Cap	RAD-0.1
5	C5	0.02μF	Cap	RAD-0.1
6	DS1		Dpy Green-CA	LED 8
7	DS2		Dpy Green-CA	LED 8
8	DS3		Dpy Green-CA	LED 8
9	DS4		Dpy Green-CA	LED 8
10	JP1		Header 2	HDR1X2
11	JP2		Header 3	HDR1X3
12	R1	1K	RPot1	RP
13	R2	47K	Res1	AXIAL-0.3
14	R3	100K	Res1	AXIAL-0.3
15	R4	24K	Res1	AXIAL-0.3
16	R5	1M	Res1	AXIAL-0.3
17	U1		ICL7107CJL	DIP-40/D53.7

图 4-66　数字电压表元器件清单

2. PCB 图设计

1) 导入网络表和元器件

在导入网络表和元器件封装之前,应先确保原理图电路连接正确,而且所有元器件都具有唯一标注和有效封装,否则将会导致网络表文件导入时出错。

在 PCB 工作界面下,执行菜单命令"Design | Import Changes From【数字电压表.PRJPCB】",检查导入的元器件封装和网络连接是否正确,确保 Status 栏的 Check 列中显示全部为 ◈,如图 4-67 所示,若显示错误则必须回到原理图进行修改。

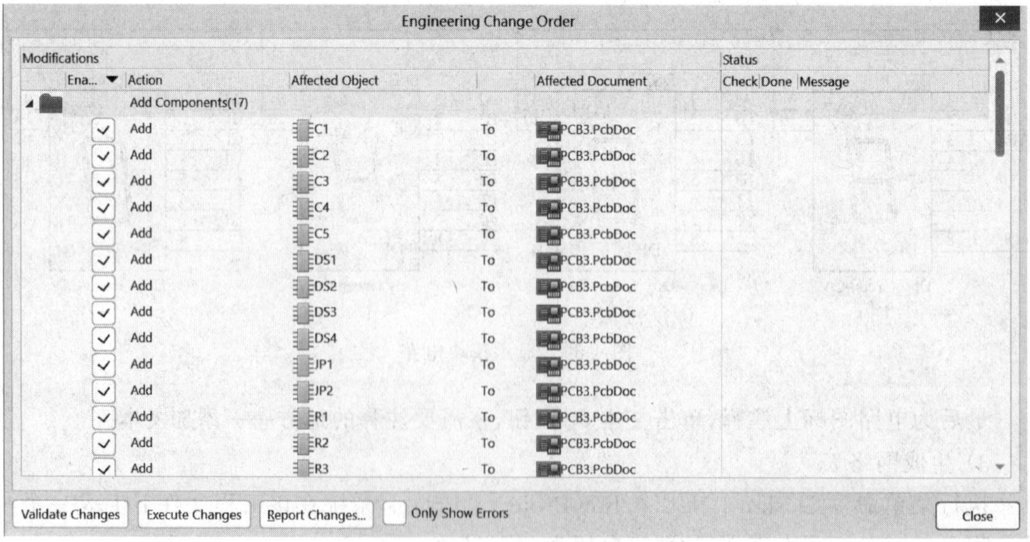

图 4-67　导入网络窗口

2）元器件布局

此项目板框大小为 2400mil×2435mil，仍然可以用快捷键 J+L 对板框进行定位。将设计工作层切换到 Keep-Out Layer，单击直线绘制 ╱ 按钮在图纸绘制相应板框。在 PCB 图中还是以芯片 ICL7107 为核心元器件，同时参考原理图，尽量使原理上靠近的元器件放在一起，从而使元器件之间的连线尽可能短。4 个数码管作为电路的显示部分，应放在整块电路板的上方，并且按照高位到低位的顺序排列，便于电路板工作时进行观察。而测试点则应放在靠近电路板下方的边上，便于测量使用。

另外，因为测试点 JP1 带有极性，虽然该接口的焊盘形状已经不同以示区别，但为了使焊接后方便使用，还是应该将极性标注上去。将设计工作层切换到 Top Overlay，单击文本 A 按钮，在方形焊盘旁边标注符号"＋"，圆形焊盘旁边标注符号"－"。

布局后的 PCB 图如图 4-68 所示。

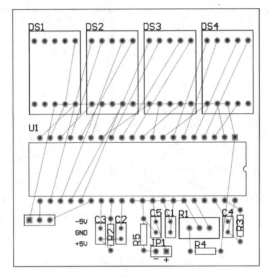

图 4-68　布局后的 PCB 图

3）手工布线

在板子左下角为电路板添加一个三头的电源接口，分别标注－5V、GND、＋5V。在此同样要加粗电源线和地线的宽度，执行菜单命令 Design | Rules 打开布线参数设置对话框，展开 Routing 中的 Width 选项。右击 Width 选项在弹出的快捷菜单中选择 New Rule，系统将在布线宽度选项中添加新的布线宽度子项 Width_1，在其右边的设置栏中将 Name 设置为＋5V。在 Where The First Object Matches 区域中选择 Net 选项，并在其右边的下拉列表中选择＋5V，即设置电源线的宽度。在 Constraints 区域中将 Maximum Width（最大宽度）、Preferred Width（首选宽度）、Min Width（最小宽度）都设置为 30mil。同理，添加－5V、地线宽度项，其线宽分别为 30mil 和 40mil。

完成布线后的 PCB 图如图 4-69 所示。

4）设计规则检查（DRC）

执行菜单命令 Tools | Design Rule Check，采用默认设置，然后单击 `Run Design Rule Check...` 按钮开始检查，并生成 DRC 报告文件。通过查看报告，Violations Detected 的结果为 0，所以

并没有违背任何规则。

5）裁板

根据电路图板框大小绘制边框线并进行裁板，即确定电路板大小。裁板时，执行菜单命令 Design | Board Shape | Redefine Board Shape From Seleceted Objects，光标将变为"十"字形，将光标移动至适当的位置，单击，确定板边的起点，移动依次确定各板边，从而形成一个四边形的电路板。注意布线区距离电路板边缘应大于 5mm，并在电路板四周安装定位孔，定位孔直径可根据实际电路板尺寸确定，一般可取 3mm。制作完成的电路板如图 4-70 所示。

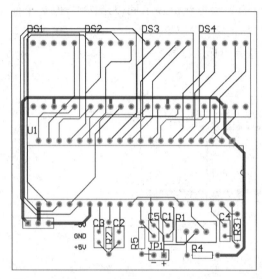

图 4-69 完成布线后的 PCB 图

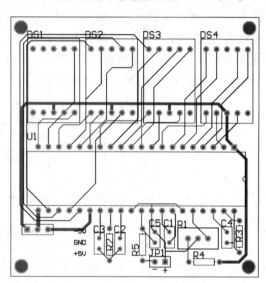

图 4-70 制作完成的电路板

6）3D 效果图

执行菜单命令 View | 3D Layout Mode，执行菜单命令 View | 3D Layout Mode，显示 PCB 板的三维立体图，如图 4-71 所示。

3. 工艺文件

输出 Gerber 文件，执行菜单命令 File | Fabrication Outputs | Gerber Files，系统生成 CAMtastic1. Cam 文件，即 Gerber 文件，如图 4-72 所示。

【思考题】

小明希望能在 PCB 板上印上学校的 Logo，请问该怎么操作？

【能力进阶之实战演练】

（1）完成如图 4-73 所示数组电路原理图和 PCB 的设计，PCB 参考图如图 4-74 所示，输出 BOM 文件、Gerber 文件及钻孔文件。

（2）完成如图 4-75 所示电子琴电路原理图和 PCB 的设计，元器件采用 3D 封装，PCB 参考图如图 4-76 所示，3D PCB 参考图如图 4-77 所示，输出 BOM 文件、Gerber 文件及钻孔文件。

图 4-71 电路板 3D 示意图

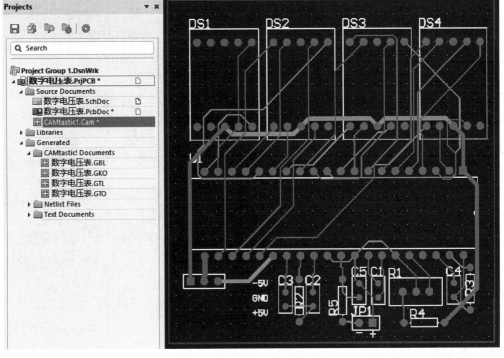

图 4-72 Gerber 文件

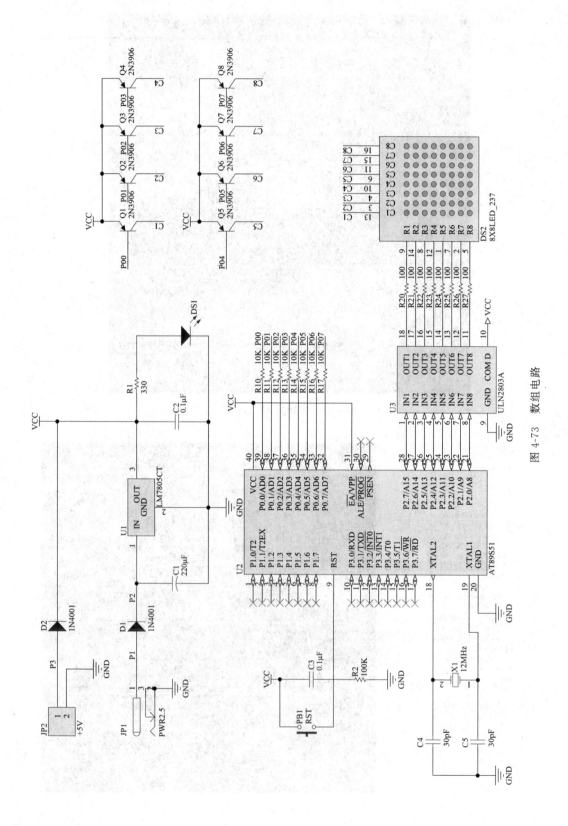

图 4-73　数组电路

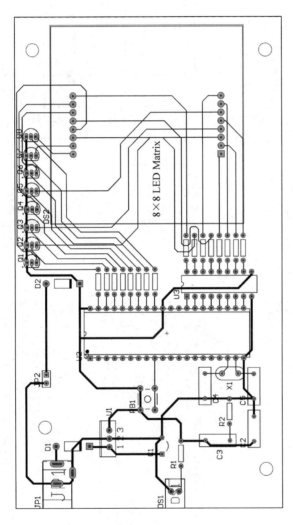

图 4-74 数组电路 PCB

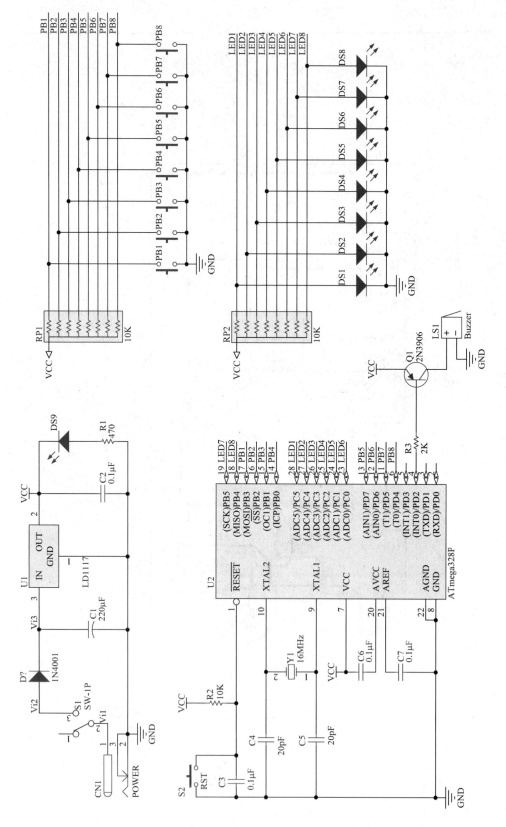

图 4-75 电子琴电路

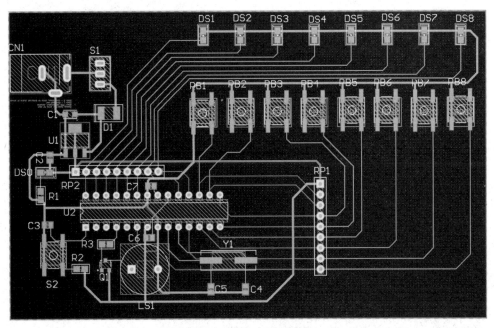

图 4-76　电子琴电路 PCB

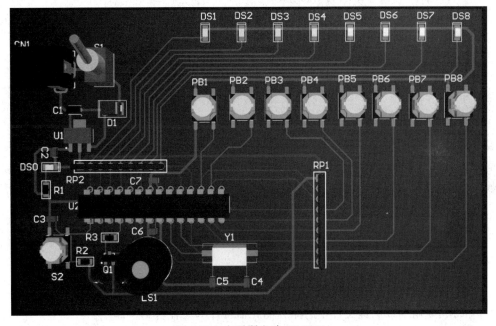

图 4-77　电子琴电路 3D PCB

实训任务 4-4　温湿度控制仪

【实训目标】

(1) 能绘制元器件原理图库及封装库。

任务 4-4
温湿度控制仪

任务 4-4
温湿度控制仪 PCB

（2）能绘制原理图。

（3）能生成 BOM 文件。

（4）能设计 PCB 双面板并优化。

（5）能完成设计规则检查。

（6）能生成 Gerber 文件。

【课时安排】

8 课时。

【任务情景描述】

温湿度控制仪电路图如图 4-78 所示，由温湿度传感器电路与主体控制电路两个模块组成，并通过单排插针连接。

温湿度控制仪 PCB 设计要求如下。

（1）绘制原理图，并生成 BOM 文件。

（2）绘制双面电路板。

（3）电路板的板框尺寸大小为 100mm×106mm。

（4）人工放置元器件封装，并排列整齐。

（5）自动布线，连接铜膜走线，电源和地线的铜膜走线线宽为 50mil，一般布线的宽度为 10mil。

（6）对所绘制的 PCB 板生成 Gerber 文件。

【任务分析】

SHT11 是瑞士 Sensirion 公司生产的具有 I^2C 总线接口的单片全校准数字式相对湿度和温度传感器，此控制仪由单片机 AT89C52 启动传感器 SHT11 工作并读取转换结果，然后由 6 位数码管显示温度与湿度值。其中，芯片 74LS373 控制数码管的段码，74LS138 控制数码管的位码，4 个键盘可以修改温度或湿度值，还可以通过串行口与上位机进行通信。

【操作步骤】

1. 准备工作

新建项目、原理图文件、PCB 文件，所有文件全部归档在"温湿度控制仪"文件夹中。

温湿度传感器 SHT11 的原理图符号和封装都可从传感器网站下载，如图 4-79 和图 4-80 所示，并将其复制到该工程文件中的原理图元器件库和元器件封装库中。

2. 元器件封装库设计

此项目需要重新设计的元器件封装较多，包括两个电解电容、电源口、键盘、数码管、发光二极管和晶振，都需要仔细测量实际元器件来制作。其中，大部分元器件封装设计在前面的项目中做过介绍，所以这里主要介绍电解电容、晶振以及电源口封装的制作。

1）电解电容封装的制作

电解电容实际元器件如图 4-81 所示。双击打开工程文件列表中的元器件封装库文件

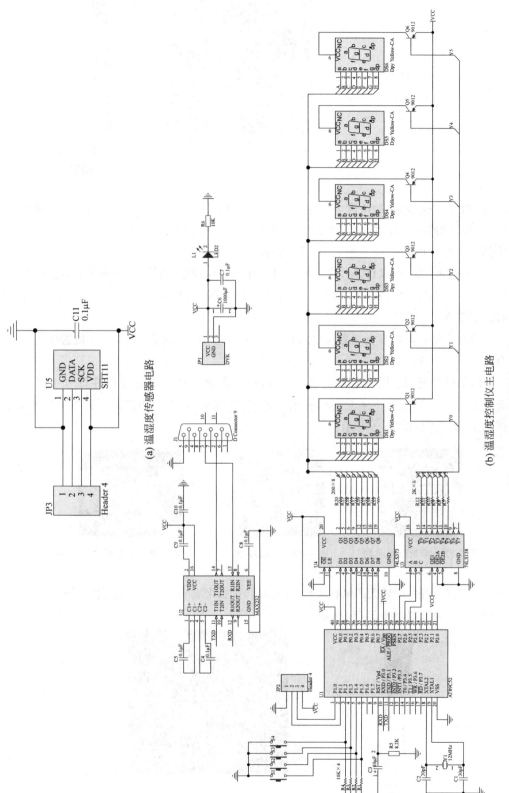

(a) 温湿度传感器电路

(b) 温湿度控制仪主电路

图 4-78 温湿度控制仪电路图

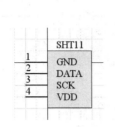

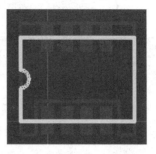

图 4-79　SHT11 原理图符号　　　图 4-80　SHT11 封装示意图　　图 4-81　电解电容
　　　　　示意图　　　　　　　　　　　　　　　　　　　　　　　　　　实物图

"温湿度控制仪.PcbLib",在该库中新建一个名为 PCBCOMPONENT_1 的元器件。双击该元器件,在弹出的"元器件重命名"属性栏中,将元器件名修改为 CAPS。

依然从工作区的基准点开始绘制,其具体操作步骤如下。

(1) 绘制轮廓线:将设计工作层切换到 Top Overlay,通过快捷键 Q 将度量单位切换为公制(mm)。从 Pcb Lib Placement 工具栏中选取圆绘制 ⊘ 按钮,绘制一个半径为 2mm 的圆,如图 4-82 所示。

(2) 绘制焊盘:选取焊盘放置 ◉ 按钮,在离中心点 1mm 的 X 轴两端各放置 1 号和 2 号焊盘,如图 4-83 所示。

(3) 添加极性符号:因为电解电容是有极性的,根据原理图中的元器件符号 1 号脚为正。将设计工作层切换到 Top Overlay,单击文本 🅰 按钮,在 1 号脚旁边放置符号"+",制作完成的电容封装如图 4-84 所示。

图 4-82　绘制圆形轮廓　　　图 4-83　绘制焊盘　　　图 4-84　制作完毕的电容封装

同理可制作另外一个较大的电容封装,命名为 CAPB,带有极性。实际元器件如图 4-85(a)所示,其封装尺寸标识如图 4-85(b)所示。

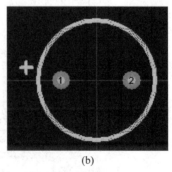

(a)　　　　　　　　　　　　　　(b)

图 4-85　元器件电容及其封装 CAPB

2）晶振封装的制作

晶振实物图如图 4-86 所示。在该库中新建一个名为 PCBCOMPONENT_1 的元器件。双击该元器件,在弹出的"元器件重命名"对话框中,将元器件名修改为 XTAL。

图 4-86 晶振实物图

依然从工作区的基准点开始绘制,其具体操作步骤如下。

（1）绘制轮廓线：将设计工作层切换到 Top Overlay,通过快捷键 Q 将度量单位切换为公制（mm）。从 Pcb Lib Placement 工具栏中选取直线绘制 ╱ 按钮,绘制一个长为 4mm,宽为 11mm 的长方形,如图 4-87 所示。

（2）绘制焊盘：将设计工作层切换到 Top layer,选取焊盘放置 ◉ 按钮,在距离顶边 3mm 的中心轴上放置 1 号焊盘。根据该元器件的对称性,绘制 2 号焊盘,制作完成的晶振封装如图 4-88 所示。

3）电源口封装的制作

电源口实物图如图 4-89 所示。在该库中新建一个名为 PCBCOMPONENT_1 的元器件。双击该元器件,在弹出的元器件重命名对话框中,将元器件名修改为 DYK。

图 4-87 绘制长方形边框

图 4-88 制作完毕的晶振封装

图 4-89 电源口实物图

依然从工作区的基准点开始绘制,其具体操作步骤如下。

（1）绘制轮廓线：将设计工作层切换到 Top Overlay,通过快捷键 Q 将度量单位切换为公制（mm）。从 Pcb Lib Placement 工具栏中选取直线绘制 ╱ 按钮,绘制一个长为 9mm,宽为 14mm 的长方形,如图 4-90 所示。

（2）绘制焊盘：选取焊盘放置 ◉ 按钮,在距离左下角 4.5mm 的横线上放置 1 号焊盘,在与 1 号焊盘同一纵轴上,距离下边框 6.5mm 的位置放置 2 号焊盘,在距离左下角 3mm 的竖线上放置 3 号焊盘,如图 4-91 所示。

（3）修改焊盘尺寸：由于电源口的引脚较粗,所以需要修改原有的焊盘默认属性,包括焊盘与孔径大小。双击焊盘打开属性对话框,将 Hole Size（孔径）改为 3.5mm,Size and Shape 区域中 X-Size（焊盘的横向直径）和 Y-Size（焊盘的纵向直径）分别改为 4.3mm,制作完成的电源口封装如图 4-92 所示。

虽然芯片 AT89C52 的封装 DIP-40 是 Altium Designer 21 自带的,不需要重新设计,但是最好将该封装从默认库 Dual-In-Line Package.PcbLib 中复制到工程文件下的元器件封装库中。否则在设计过程中可能会碰到这样的问题：对于一次性不能完成的电路设计,明明前一次已经加载了芯片 AT89C52 的封装 DIP-40,而且也能在封装预览框中显示,可是下一次换了一台计算机,或者带有硬盘保护卡的计算机重启后恢复了原系统配置,虽然芯片

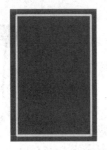

图 4-90　绘制长方形边框

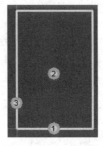

图 4-91　绘制焊盘

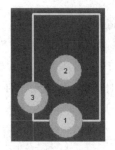

图 4-92　制作完成的电源口封装

AT89C52 仍显示带有封装 DIP-40，但在封装预览框中没有显示，导致导入 PCB 图时发生错误。这是因为前一次为元器件加载封装 DIP-40 时，同时也在软件 Altium Designer 21 中加载了其所在的元器件库。但是一旦换了计算机或者系统重启后，Altium Designer 21 中没有加载该封装所在的库，所以无法预览，也无法将该封装导入 PCB 图中。

最后设计完成的元器件封装库文件“温湿度控制仪. PcbLib”包括 9 个元器件，如图 4-93 所示。

在设计 PCB 图时，发现元器件封装库中的元器件需要进行修改，此时可回到封装设计环境下进行修改，修改完毕后打开需要更新的 PCB 图。然后在 PCB Library 管理面板的元器件列表中选择需要更新的元器件名，右击该文件名弹出快捷菜单(图 4-94)，从中选择 Update PCB With CAPS，那么 PCB 图中修改后的电容封装 CAPS 会被更新。如果多个元器件封装被修改，可选择 Update PCB With All，PCB 图中所有修改后的元器件封装都会被更新。

Components

Name	Pads	Primitives
CAPB	2	4
CAPS	2	4
DIP-40	40	46
DYK	3	8
KEY	4	8
LED	2	4
LED8SEG	10	14
SHT11	8	30
XTAL	2	6

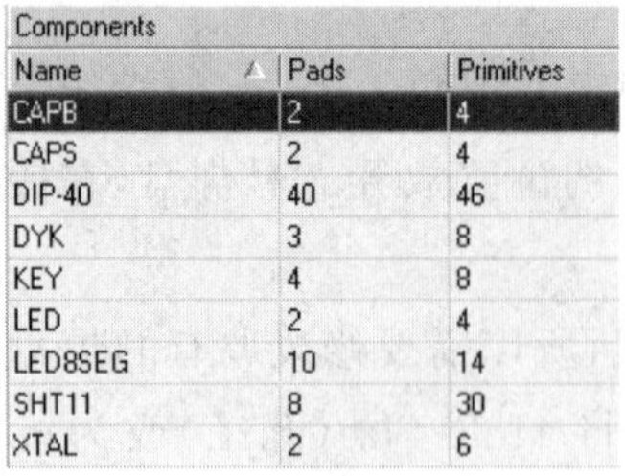

图 4-93　设计完成的元器件封装库元器件列表

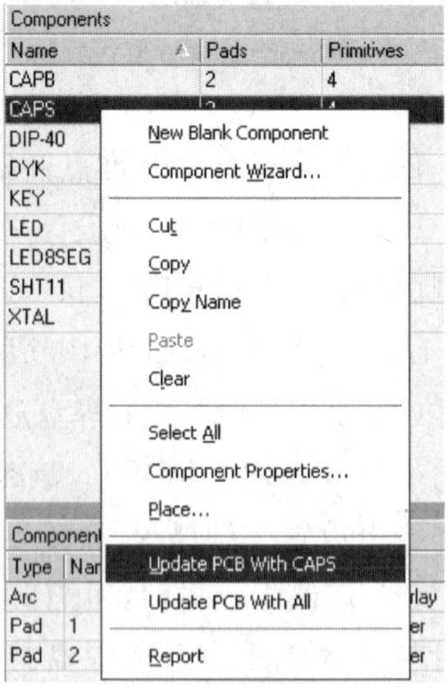

图 4-94　右键快捷菜单

3. 原理图元器件库设计

因为 Altium Designer 21 中没有元器件 AT89C52 和电源口的原理图符号，所以需要设计者自己设计。下面介绍电源口原理图符号的绘制。因为原理图中的元器件只是为了说明元器件的电气性能，其外形尺寸不是最重要的，所以主要目的是说明其引脚的意义。

双击打开工程文件列表中的原理图元器件库文件“温湿度控制仪. SchLib”，单击 SCH

Library 管理面板 Components 区域中的 Add 按钮,在该库中新建一个名为 Component_1 的元器件,将元器件名修改为 DYK。

依然从工作区的基准点开始绘制,其具体操作步骤如下。

(1) 选取矩形绘制 ▣ 按钮,绘制一个正方形。

(2) 选取放置引脚 ⫟ 按钮,放置 3 个引脚,并依次命名为电源(VCC)和地(GND),第 3 引脚无意义,只是起固定作用。

(3) 打开“元器件属性”区域,设置 Properties 区域中 Default Designator(默认标号)为 “JP?”,Comment(注释)为 DYK,绘制完成的电源口原理图符号如图 4-95 所示,然后添加之前设计的元器件封装库文件“温湿度控制仪.PcbLib”中的封装 DYK。

最后设计完成的原理图元器件库文件“温湿度控制仪.SchLib”包括 3 个元器件,如图 4-96 所示。

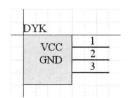

图 4-95　绘制完毕的电源口

图 4-96　设计完成的原理图元器件库元器件列表

4. 原理图设计

1) 选取元器件

在 Miscellaneous Devices. IntLib 元器件库中选取阻容元器件等,然后设置电阻、电容和晶振值。在 Miscellaneous Connectors. IntLib 元器件库中选取 4 脚单排插针和 9 针串口。注意修改电容、晶振、可变电阻、数码管、发光二极管和键盘的封装分别为 RAD-0.1、XTAL、RP、LED8SEG、LED 和 KEY,带极性电容的封装为 CAPS 和 CAPB。在温湿度控制仪.SchLib 元器件库中选取 AT89C52、电源口 DYK 和 SHT11。

通过搜索查找元器件 74LS373、74LS138、MAX232,并加载相应的元器件库。根据搜索结果得知,SN74LS373N 在 TI Logic Latch. IntLib 集成库中,SN74LS138N 在 TI Logic Decoder Demux. IntLib 集成库中,MAX232EJE 在 Maxim Communication Transceiver. IntLib 集成库中。

2) 元器件布局与连线

以芯片 AT89C52 为核心,将各元器件摆放整齐。由于数码管较多,所以控制数码管段码与位码的芯片 74LS373 和 74LS138 与数码管的连线均采用总线与总线分支配合网络标号绘制,这样使电路更清晰。

3) 统一标注

执行菜单命令 Tools | Annotation | Annotation Schematics,将原理图中的所有元器件进行统一标注。

绘制完成的原理图,其中串口模块电路如图 4-97 所示,主芯片 AT89C52 的最小系统、键盘外围和 SHT11 接口模块电路如图 4-98 所示,显示模块电路如图 4-99 所示,传感器模块电路如图 4-100 所示,电源接口模块电路如图 4-101 所示。

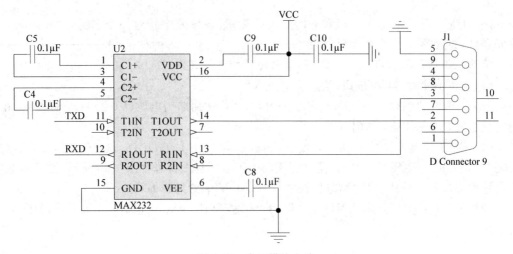

图 4-97　串口模块电路

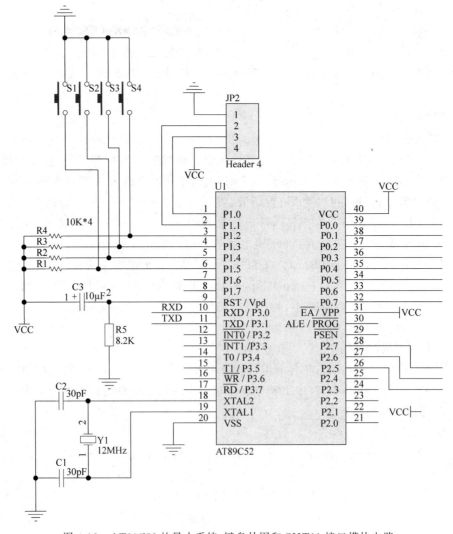

图 4-98　AT89C52 的最小系统、键盘外围和 SHT11 接口模块电路

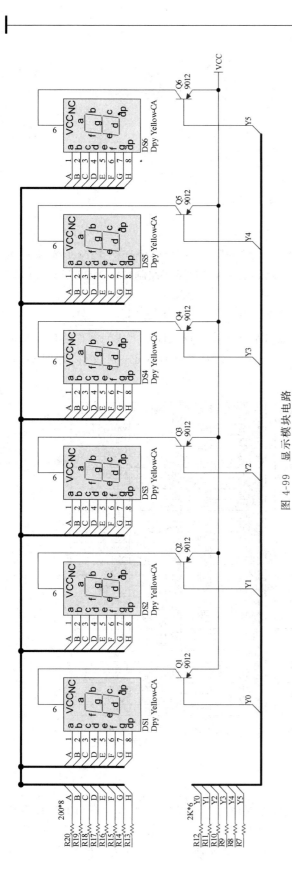

图 4-99 显示模块电路

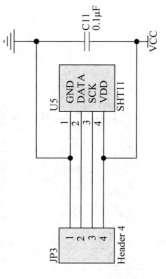

图 4-100 传感器模块电路

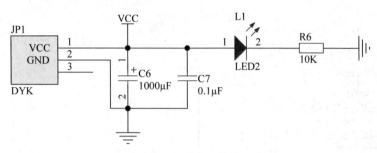

图 4-101　电源接口模块电路

4）生成网络表

分别在两张原理图中执行菜单命令 Design | Netlist For Document | Protel，系统在该工程文件下生成两个与该原理图文件同名的网络表文件"温湿度控制仪 1. NET"和"温湿度控制仪 2. NET"。

5）生成元器件清单

执行菜单命令 Reports | Bill of Materials，系统在该工程文件下生成元器件清单。分别选取元器件的 Designator、Value、LibRef、Footprint 属性，并保存成 Excel 文件，如图 4-102 所示。

	A	B	C	D
1	Designator	Value	LibRef	Footprint
2	C1	30pF	Cap	RAD-0.1
3	C2	30pF	Cap	RAD-0.1
4	C3	10uF	Cap Pol1	CAPS
5	C4	0.1uF	Cap	RAD-0.1
6	C5	0.1uF	Cap	RAD-0.1
7	C6	1000uF	Cap Pol1	CAPB
8	C7	0.1uF	Cap	RAD-0.1
9	C8	0.1uF	Cap	RAD-0.1
10	C9	0.1uF	Cap	RAD-0.1
11	C10	0.1uF	Cap	RAD-0.1
12	DS1		Dpy Yellow-CA	LED8SEG
13	DS2		Dpy Yellow-CA	LED8SEG
14	DS3		Dpy Yellow-CA	LED8SEG
15	DS4		Dpy Yellow-CA	LED8SEG
16	DS5		Dpy Yellow-CA	LED8SEG
17	DS6		Dpy Yellow-CA	LED8SEG
18	J1		D Connector 9	DSUB1.385-2H9
19	JP1	dianyuankou	DYK	
20	JP2		Header 4	HDR1X4
21	L1		LED2	LED
22	Q1		2N3906	BCY-W3/D4.7
23	Q2		2N3906	BCY-W3/D4.7
24	Q3		2N3906	BCY-W3/D4.7
25	Q4		2N3906	BCY-W3/D4.7
26	Q5		2N3906	BCY-W3/D4.7
27	Q6		2N3906	BCY-W3/D4.7
28	R1	10K	Res1	AXIAL-0.3

29	Designator	Value	LibRef	Footprint
30	R2	10K	Res1	AXIAL-0.3
31	R3	10K	Res1	AXIAL-0.3
32	R4	10K	Res1	AXIAL-0.3
33	R5	8.2K	Res2	AXIAL-0.3
34	R6	10K	Res2	AXIAL-0.3
35	R7	2K	Res1	AXIAL-0.3
36	R8	2K	Res1	AXIAL-0.3
37	R9	2K	Res1	AXIAL-0.3
38	R10	2K	Res1	AXIAL-0.3
39	R11	2K	Res1	AXIAL-0.3
40	R12	2K	Res1	AXIAL-0.3
41	R13	200	Res1	AXIAL-0.3
42	R14	200	Res1	AXIAL-0.3
43	R15	200	Res1	AXIAL-0.3
44	R16	200	Res1	AXIAL-0.3
45	R17	200	Res1	AXIAL-0.3
46	R18	200	Res1	AXIAL-0.3
47	R19	200	Res1	AXIAL-0.3
48	R20	200	Res1	AXIAL-0.3
49	S1		SW-PB	KEY
50	S2		SW-PB	KEY
51	S3		SW-PB	KEY
52	S4		SW-PB	KEY
53	U1		AT89C52	DIP-40
54	U2		MAX232EJE	DIP-16
55	U3		SN74LS138N	DIP-16
56	U4		SN74LS373N	DIP-20
57	Y1	12MHz	XTAL	XTAL

图 4-102　温湿度控制仪元器件清单

5. 主体控制电路 PCB 图设计

1）导入网络表和元器件

在导入网络表和元器件封装之前，应先确保原理图电路连接正确，而且所有元器件都具有唯一标注和有效封装，否则将会导致网络表文件导入时出错。在 PCB 工作界面下，执行菜单命令 Design | Import Changes From，检查导入的元器件封装和网络连接是否正确，确

保 Status 栏的 Check 列中显示全部为 ▨ ，如图 4-103 所示，若显示错误则必须回到原理图进行修改。

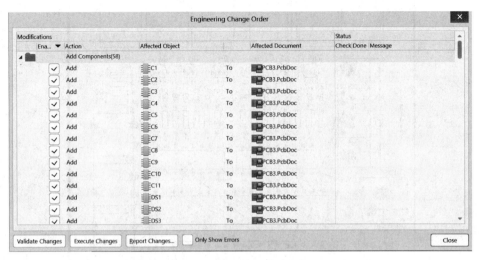

图 4-103　导入网络窗口

2）元器件布局

此项目板框大小为 100mm×106mm。仍然可以用快捷键 J＋L 对板框进行定位。将设计工作层切换到 Keep-Out Layer，单击直线绘制 ⁄ 按钮在图纸绘制相应板框。在 PCB 图中还是以芯片 AT89C52 为核心元器件，同时参考原理图，尽量使原理上靠近的元器件放在一起，从而使元器件之间的连线尽可能短。在元器件布局的过程中，应充分考虑人性化设计。数码管作为显示模块放在电路板的上方，而键盘则为了让设计者使用方便放在右下方，各种接口为了便于与外围电路连接则放在左侧。因电路图中各种相同元器件个数较多，可充分利用"元器件排列"工具栏将元器件排列整齐。注意布线区距离电路板边缘应大于 5mm。

布局后的 PCB 图如图 4-104 所示。

3）手工布线

在此同样要加粗电源线和地线的宽度，执行菜单命令 Design｜Rules 打开布线参数设置对话框，展开 Routing 中的 Width 选项。右击 Width 选项在弹出的快捷菜单中选择 New Rule，系统将在布线宽度选项中添加新的布线宽度子项 Width_1，在其右边的设置栏中将 Name 设置为 VCC。在 Where The First Object Matches 区域中选择 Net 选项，并在其右边的下拉列表中选择 VCC，即设置电源线的宽度。在 Constraints 区域中将 Min Width（最小宽度）、Preferred Width（首选宽度）、Maximum Width（最大宽度）都设置为 30mil。同理，添加地线的宽度项，其线宽分别为 30mil 和 40mil。

完成布线后的 PCB 图如图 4-105 所示。

4）设计规则检查（DRC）

执行菜单命令 Tools｜Design Rule Check，采用默认设置，然后单击 `Run Design Rule Check...` 按钮开始检查，并生成 DRC 报告文件。通过查看报告（图 4-106），有两项违背了规则，即 9 针串口 J1 的两个引脚（10 脚和 11 脚），所以在 PCB 图中呈高亮显示。但因为该引脚只是起固定作用并没有电气意义，所以可忽略提示的错误。

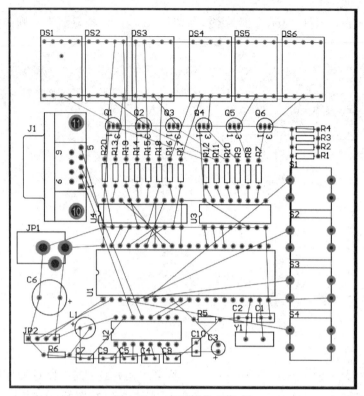

图 4-104　布局后的 PCB 图

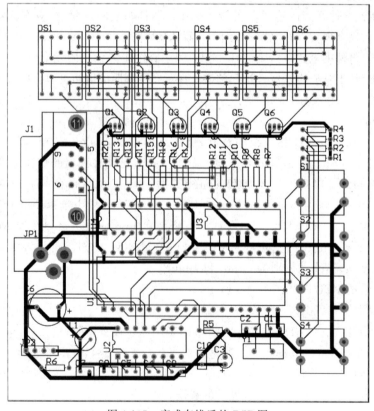

图 4-105　完成布线后的 PCB 图

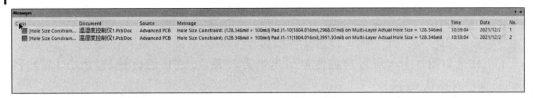

图 4-106　设计规则检查报告

5）裁板

根据电路图板框大小绘制边框线并进行裁板，即确定电路板尺寸。裁板时，框选住边框，执行菜单命令 Design｜Board Shape｜Refine from Selected Objects，并在电路板四周安装定位孔，定位孔直径可根据实际电路板尺寸确定，一般可取 3mm。最后制作完成的电路板如图 4-107 所示。

6．工艺文件

执行菜单命令 File｜Fabrication Outputs｜Gerber Files，输出 Gerber 文件。随后系统生成 CAMtastic1.Cam 文件，即 Gerber 文件。

7．实物图

制作并焊接完成的电路板如图 4-108 所示。

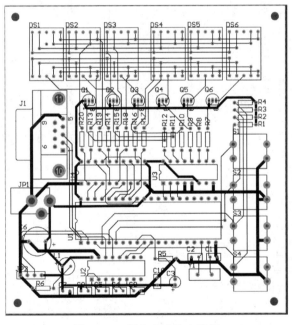

图 4-107　制作完成的电路板

图 4-108　焊接完成的电路板

【思考题】

（1）长方形板子的四角容易受到磕碰，如何把温湿度控制仪 PCB 板的四个角变成圆弧形的？

（2）如果要设置成单面板，应该如何设置设计规则？

【能力进阶之实战演练】

（1）完成如图 4-109 所示声控霓虹灯电路原理图和 PCB 的设计，输出 BOM 文件、Gerber 文件及钻孔文件。

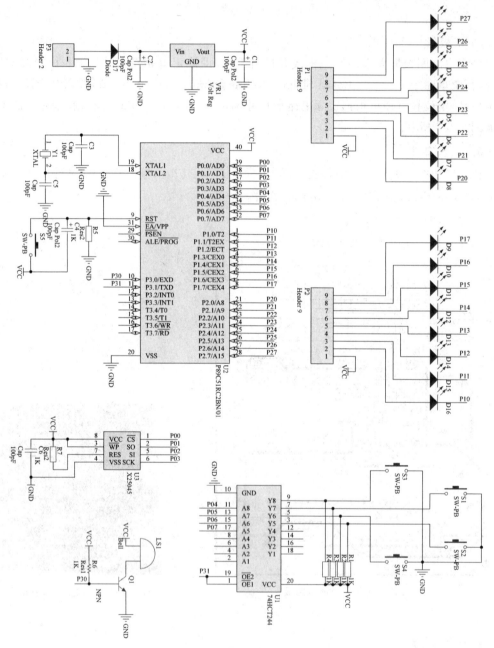

图 4-109　声控霓虹灯电路

（2）完成如图 4-110 所示简易 U 盘电路原理图和 PCB 的设计，输出 BOM 文件、Gerber 文件及钻孔文件。

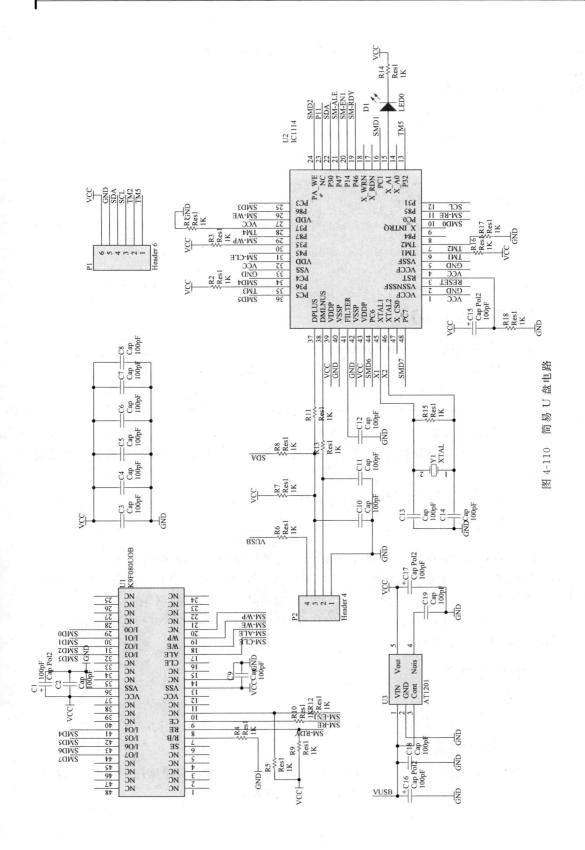

图 4-110　简易 U 盘电路

任务 4-5
公交显示屏
原理图

任务 4-5
公交显示屏
PCB

实训任务 4-5　公交显示屏

【实训目标】

(1) 能绘制元器件原理图库及封装库。

(2) 能绘制原理图。

(3) 能生成 BOM 文件。

(4) 能设计 PCB 双面板并优化。

(5) 能完成设计规则检查。

(6) 能生成 Gerber 文件。

【课时安排】

6 课时。

【任务情景描述】

公交显示屏电路图如图 4-111 所示。

公交显示屏 PCB 设计要求如下。

(1) 绘制双面电路板。

(2) 电路板的板框尺寸大小为 6760mil×4600mil。

(3) 人工放置元器件封装,并排列整齐。

(4) 自动布线,连接铜膜走线,电源和地线的铜膜走线线宽为 40mil,一般布线的宽度为 10mil。

(5) 对所绘制的 PCB 板生成 Gerber 文件。

【任务分析】

LED 点阵显示屏在公交车、银行、医院等多处可见,此公交显示屏由 4 片 8×8 的 LED 点阵模块构成 16×16 的 LED 点阵显示屏,可显示字符、数字等。LED 点阵的行列扫描、驱动由 4 片 74LS574 电路实现,单片机 AT89C52 输出显示数据,并控制 4 片 74LS574。3 个键盘可控制不同的显示方式,上下或左右移动,另外语音芯片 ISD1420 可实现录音及播放功能,可播报车站名称等。

【操作步骤】

1. 准备工作

新建项目、原理图文件、PCB 文件,所有文件全部归档在"公交显示屏"文件夹中。

2. 元器件封装库设计

此任务需要重新设计的元器件封装较多,但大部分元器件与温湿度控制仪中的元器件相同,所以这里主要介绍 LED 点阵和蜂鸣器封装的制作。

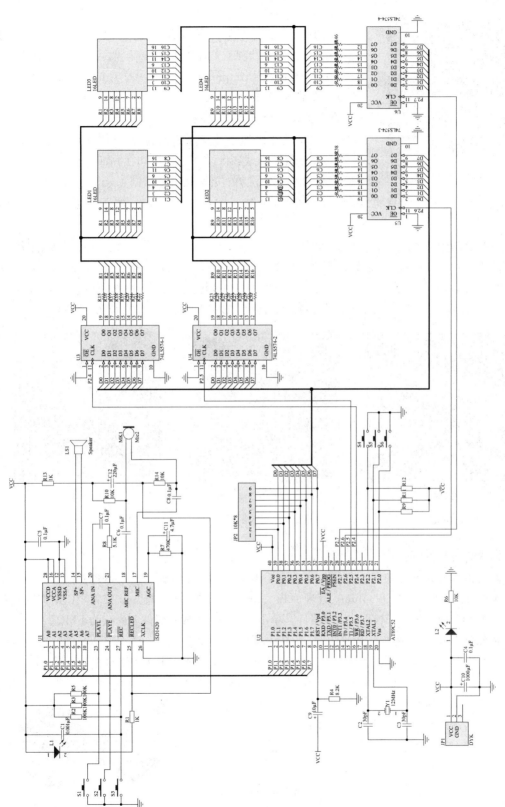

图 4-111 公交显示屏显示电路

图 4-112　LED 点阵实物图

1）LED 点阵封装的制作

LED 点阵实物图如图 4-112 所示。双击打开工程文件列表中的元器件封装库文件"公交显示屏.PcbLib"，在 PCB Library 管理面板 Components 区域单击 Add 按钮，在该库中新建一个名为 PCBCOMPONENT_1 的元器件。单击 Edit 按钮，将元器件名修改为 16LED。

依然从工作区的基准点开始绘制，其具体操作步骤如下。

（1）绘制轮廓线：将设计工作层切换到 Top Overlay，通过快捷键 Q 将度量单位切换为公制（mm）。从 Pcb Lib Placement 工具栏中选取直线绘制 ╱ 按钮，绘制一个边长为 38mm 的正方形，如图 4-113 所示。

（2）绘制焊盘：选取焊盘放置 ◉ 按钮，在距离顶边距 5mm、左边距 10mm 的地方放置 1 号焊盘。通过快捷键 Q 将度量单位切换为英制（mil），在距离 1 号焊盘 100mil 的地方放置 2 号焊盘，并以 100mil 为间距依次横向放置 3～8 号焊盘，如图 4-114 所示。根据该元器件的对称性，同样放置 9～16 号焊盘，制作完成的 LED16 封装如图 4-115 所示。

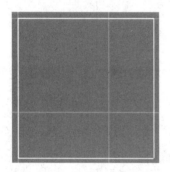

图 4-113　绘制正方形边框

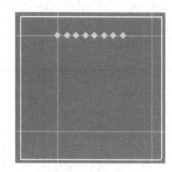

图 4-114　绘制焊盘

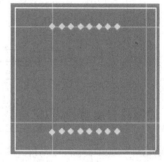

图 4-115　制作完毕的 LED 点阵封装

2）蜂鸣器封装的制作

蜂鸣器实际元器件如图 4-116 所示。双击打开工程文件列表中的元器件封装库文件"公交显示屏.PcbLib"，在 PCB Library 管理面板 Components 区域单击 Add 按钮，在该库中新建一个名为 PCBCOMPONENT_1 的元器件。单击 Edit 按钮，将元器件名修改为 FMQ。

依然从工作区的基准点开始绘制，其具体操作步骤如下。

（1）绘制轮廓线：将设计工作层切换到 Top Overlay，通过快捷键 Q 将度量单位切换为公制（mm）。从 Pcb Lib Placement 工具栏中选取圆绘制 ◉ 按钮，绘制一个半径为 6mm 的圆，如图 4-117 所示。

（2）绘制焊盘：将设计工作层切换到 Top layer，选取焊盘放置 ◉ 按钮，在离中心点 4mm 的 X 轴两端各放置 1 号和 2 号焊盘，如图 4-118 所示。

（3）添加极性符号：因为该电容是有极性的，根据原理图中的元器件符号 1 号脚为正。将设计工作层切换到 Top

图 4-116　元器件蜂鸣器实物图

Overlay，单击文本 **A** 按钮，在 1 号脚旁边放置符号"＋"，制作完成的电容封装如图 4-119 所示。

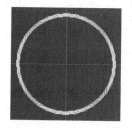
图 4-117　绘制圆形轮廓

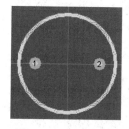
图 4-118　绘制焊盘

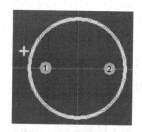
图 4-119　制作完毕的电容封装

3）芯片封装

ISD1420 是美国 ISD 公司出品的优质单片语音录放电路，由振荡器、语音存储单元、前置放大器、自动增益控制电路、抗干扰滤波器、输出放大器组成。图 4-120 为 ISD1420 封装 Datasheet，从尺寸数据中可以判断为 DIP-28 封装。芯片 74LS574 为触发器，根据 74LS574 的 Datasheet，可判断其封装为 DIP-20。将 DIP-28 和 DIP-20 都复制至元器件封装库中。

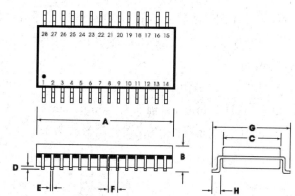

Table: Plastic Small Outline Integrated Circuit (SOIC) (S) Dimensions

	INCHES			MILLIMETERS		
	Min	Nom	Max	Min	Nom	Max
A	0.701	0.706	0.711	17.81	17.93	18.06
B	0.097	0.101	0.104	2.46	2.56	2.64
C	0.292	0.296	0.299	7.42	7.52	7.59
D	0.005	0.009	0.0115	0.127	0.22	0.29
E	0.014	0.016	0.019	0.35	0.41	0.48
F		0.050			1.27	
G	0.400	0.406	0.410	10.16	10.31	10.41
H	0.024	0.032	0.040	0.61	0.81	1.02

图 4-120　语言芯片 ISD1420 封装 Datasheet（数据表）

最后设计完成的元器件封装库文件"公交显示屏.PcbLib"包括 11 个元器件，如图 4-121 所示。

3. 原理图元器件库设计

元器件 AT89C52 和电源口的原理图符号与温湿度控制仪中的相同,下面介绍元器件 LED 点阵和 ISD1420 原理图符号的绘制。

1) LED 点阵元器件的绘制

双击打开工程文件列表中的原理图元器件库"公交显示屏. SchLib",单击 SCH Library 管理面板 Components 区域中的 Add 按钮,在该库中新建一个名为 Component_1 的元器件,将元器件名修改为 16LED。

Name	Pads	Primitives
16LED	16	20
CAPB	2	4
CAPS	2	4
DIP-20	20	26
DIP-28/D38.1	28	34
DIP-40	40	46
DYK	3	7
FMQ	2	4
KEY	4	8
LED	2	5
XTAL	2	6

图 4-121　设计完成的元器件封装库元器件列表

依然从工作区的基准点开始绘制,其具体操作步骤如下。

(1) 选取矩形绘制 按钮,绘制一个正方形。

(2) 选取放置引脚 按钮,分别在行与列两边放置 16 个引脚,注意引脚编号。

(3) 打开"元器件属性"区域,设置 Properties 区域中 Default Designator(默认标号)为"LED?",Comment(注释)为 16LED,绘制完成的 LED 点阵原理图符号如图 4-122 所示,然后添加之前设计的元器件封装库文件"公交显示屏. PcbLib"中的封装 16LED。

2) ISD1420 元器件的绘制

ISD1420 芯片示意图如图 4-123 所示。双击打开工程文件列表中的原理图元器件库"公交显示屏. SchLib",单击 SCH Library 管理面板 Components 区域中的 Add 按钮,在该库中新建一个名为 Component_1 的元器件,将元器件名修改为 ISD1420。

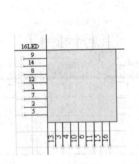

图 4-122　绘制完成的 LED 点阵

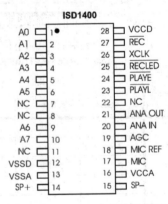

图 4-123　ISD1420 芯片示意图

依然从工作区的基准点开始绘制,其具体操作步骤如下。

(1) 选取矩形绘制 按钮,绘制一个长方形。

(2) 选取放置引脚 按钮,分别在左右两边放置 14 个引脚,此处引脚号按功能排列,悬空的引脚可省略。

(3) 打开"元器件属性"区域,设置 Properties 区域中 Default Designator(默认标号)为

"U?",Comment(注释)为 ISD1420,绘制完成的 ISD1420 原理图符号如图 4-124 所示,最后添加封装 DIP-28/D38.1。

设计完成的原理图元器件库文件"公交显示屏. SchLib"包括 4 个元器件,如图 4-125所示。

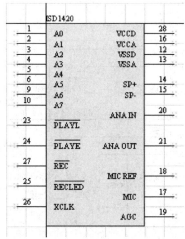

图 4-124   绘制完成的 ISD1420 原理图符号   图 4-125   设计完成的原理图元器件库元器件列表

4. 原理图绘制

1) 选取元器件

在 Miscellaneous Devices. IntLib 元器件库中选取阻容元器件等,然后设置电阻、电容和晶振值,在 Miscellaneous Connectors. IntLib 元器件库中选取 9 脚单排插针作为排阻。注意修改电容、晶振、发光二极管和键盘的封装分别为 RAD-0.1、XTAL、LED 和 KEY,带极性电容的封装为 CAPS 和 CAPB。在"公交显示屏. SchLib"元器件库中选取 AT89C52、电源口 DYK、LED 点阵 16LED 和 ISD1420。

通过搜索查找元器件 74LS574,并加载相应的元器件库。根据搜索结果得知,DM74LS574N 在 FSC Logic Flip-Flop. IntLib 集成库中。

2) 元器件布局与连线

以芯片 AT89C52 为核心,将各元器件摆放整齐。由于 LED 点阵较多,所以控制 LED点阵行与列选择的 4 块芯片 74LS574 均采用总线与总线分支配合网络标号绘制,这样使电路更加清晰。

3) 统一标注

执行菜单命令 Tools | Annotation | Annotation Schematics,将原理图中的所有元器件进行统一标注。其中,语音芯片模块电路如图 4-126 所示,主芯片 AT89C52 的最小系统、键盘外围模块电路如图 4-127 所示,显示模块电路如图 4-128 所示,电源接口模块电路如图 4-129 所示。

4) 生成网络表

执行菜单命令 Design | Netlist For Project | Protel,系统在该工程文件下生成一个与

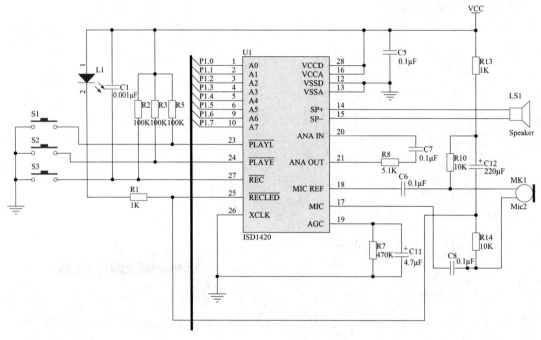

图 4-126 语音芯片模块电路

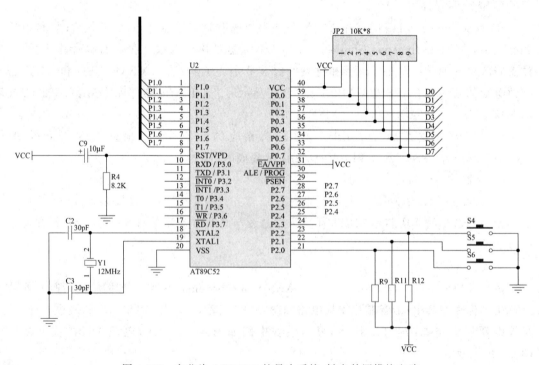

图 4-127 主芯片 AT89C52 的最小系统、键盘外围模块电路

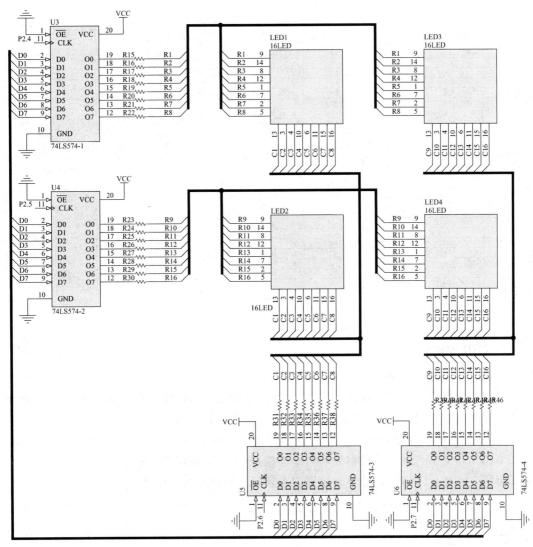

图 4-128　显示模块电路

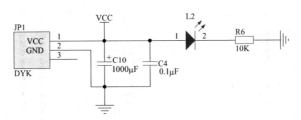

图 4-129　电源接口模块电路

该工程文件同名的网络表文件"公交显示屏. NET"。

5）生成元器件清单

执行菜单命令 Reports ｜ Bill of Materials，系统在该工程文件下生成元器件清单。分别选取元器件的 Designator、Value、LibRef、Footprint 属性，并保存成 Excel 文件，如图 4-130 所示。

	A	B	C	D
1	Designator	Value	LibRef	Footprint
2	C1	0.001uF	Cap	RAD-0.1
3	C2	30pF	Cap	RAD-0.1
4	C3	30pF	Cap	RAD-0.1
5	C4	0.1uF	Cap	RAD-0.1
6	C5	0.1uF	Cap	RAD-0.1
7	C6	0.1uF	Cap	RAD-0.1
8	C7	0.1uF	Cap	RAD-0.1
9	C8	0.1uF	Cap	RAD-0.1
10	C9	10uF	Cap Pol1	CAPS
11	C10	1000uF	Cap Pol1	CAPB
12	C11	4.7uF	Cap Pol1	CAPS
13	C12	220uF	Cap Pol1	CAPB
14	JP1		dianyuankou	DYK
15	JP2		Header 9	HDR1X9
16	L1		LED2	LED
17	L2		LED2	LED
18	LED1		16LED	16LED
19	LED2		16LED	16LED
20	LED3		16LED	16LED
21	LED4		16LED	16LED
22	LS1		Speaker	FMQ
23	MK1		Mic2	PIN2
24	R1	1K	Res2	AXIAL-0.4
25	R2	100K	Res2	AXIAL-0.4
26	R3	100K	Res2	AXIAL-0.4
27	R4	8.2K	Res2	AXIAL-0.3
28	R5	100K	Res2	AXIAL-0.4

	Designator	Value	LibRef	Footprint
29	Designator	Value	LibRef	Footprint
30	R6	10K	Res2	AXIAL-0.3
31	R7	470K	Res2	AXIAL-0.4
32	R8	5.1K	Res2	AXIAL-0.4
33	R9	10K	Res2	AXIAL-0.4
34	R10	10K	Res2	AXIAL-0.4
35	R11	10K	Res2	AXIAL-0.4
36	R12	10K	Res2	AXIAL-0.4
37	R13	1K	Res2	AXIAL-0.4
38	R14	10K	Res2	AXIAL-0.4
39	R15	200	Res1	AXIAL-0.3
40	R16	200	Res1	AXIAL-0.3
41	R17	200	Res1	AXIAL-0.3
42	R18	200	Res1	AXIAL-0.3
43	R19	200	Res1	AXIAL-0.3
44	R20	200	Res1	AXIAL-0.3
45	R21	200	Res1	AXIAL-0.3
46	R22	200	Res1	AXIAL-0.3
47	R23	200	Res1	AXIAL-0.3
48	R24	200	Res1	AXIAL-0.3
49	R25	200	Res1	AXIAL-0.3
50	R26	200	Res1	AXIAL-0.3
51	R27	200	Res1	AXIAL-0.3
52	R28	200	Res1	AXIAL-0.3
53	R29	200	Res1	AXIAL-0.3
54	R30	200	Res1	AXIAL-0.3
55	R31	200	Res1	AXIAL-0.3
56	R32	200	Res1	AXIAL-0.3

	Designator	Value	LibRef	Footprint
57	Designator	Value	LibRef	Footprint
58	R33	200	Res1	AXIAL-0.3
59	R34	200	Res1	AXIAL-0.3
60	R35	200	Res1	AXIAL-0.3
61	R36	200	Res1	AXIAL-0.3
62	R37	200	Res1	AXIAL-0.3
63	R38	200	Res1	AXIAL-0.3
64	R39	200	Res1	AXIAL-0.3
65	R40	200	Res1	AXIAL-0.3
66	R41	200	Res1	AXIAL-0.3
67	R42	200	Res1	AXIAL-0.3
68	R43	200	Res1	AXIAL-0.3
69	R44	200	Res1	AXIAL-0.3
70	R45	200	Res1	AXIAL-0.3
71	R46	200	Res1	AXIAL-0.3
72	S1		SW-PB	KEY
73	S2		SW-PB	KEY
74	S3		SW-PB	KEY
75	S4		SW-PB	KEY
76	S5		SW-PB	KEY
77	S6		SW-PB	KEY
78	U1		ISD1420	DIP-28/D38.1
79	U2		AT89C52	DIP-40
80	U3		DM74LS574N	DIP-20
81	U4		DM74LS574N	DIP-20
82	U5		DM74LS574N	DIP-20
83	U6		DM74LS574N	DIP-20
84	Y1		XTAL	XTAL

图 4-130 公交显示屏元器件清单

5. PCB 图设计

1) 导入网络表和元器件

在导入网络表和元器件封装之前,应先确保原理图电路连接正确,而且所有元器件都具有唯一标注和有效封装,否则将会导致网络表文件导入时出错。

在 PCB 工作界面下,执行菜单命令"Design | Import Changes From【公交显示屏.PRJPCB】",检查导入的元器件封装和网络连接是否正确,确保 Status 栏的 Check 列中显示全部为 ▨,如图 4-131 所示,若显示错误则必须回到原理图进行修改。

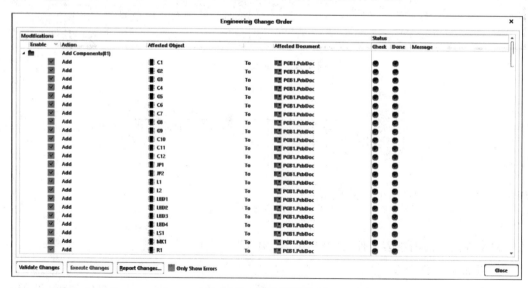

图 4-131 导入网络窗口

2）元器件布局

此项目板框大小为6760mil×4600mil。仍然可以用快捷键J+L对板框进行定位。将设计工作层切换到 Keep-Out Layer，单击直线绘制 ✐ 按钮在图纸绘制相应板框。在整个 PCB 图中以芯片 AT89C52 为核心元器件，语音芯片模块电路则以芯片 ISD1420 为核心元器件，同时参考原理图，尽量使原理上靠近的元器件放在一起，从而使元器件之间的连线尽可能短。在元器件布局的过程中，应充分考虑人性化设计。数码管作为显示模块放在电路板的右上方，而键盘则为了让读者使用方便放在下方，电源接口、蜂鸣器和麦克风等都放在左侧边缘方便使用。因电路图中各种相同元器件个数较多，可充分利用"元器件排列"工具栏将元器件排列整齐。

布局后的 PCB 图如图 4-132 所示。

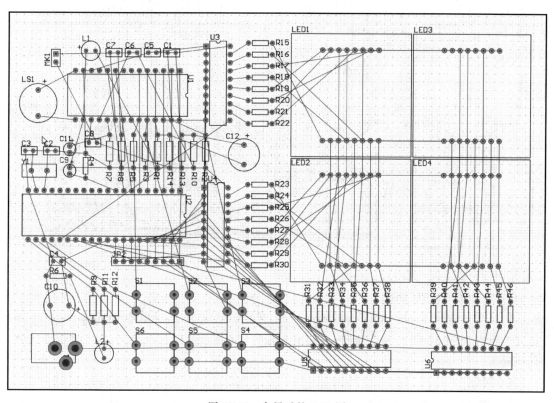

图 4-132　布局后的 PCB 图

3）自动布线

在此同样要加粗电源线和地线的宽度，执行菜单命令 Design | Rules 打开"布线参数设置"对话框，展开 Routing 中的 Width 选项。右击 Width 选项在弹出的快捷菜单中选择 New Rule，系统将在布线宽度选项中添加新的布线宽度子项 Width_1，在其右边的设置栏中将 Name 设置为 VCC。在 Where The First Object Matches 区域中选择 Net 选项，并在其右边的下拉列表中选择 VCC，即设置电源线的宽度。在 Constraints 区域中将 Min Width（最小宽度）、Preferred Width（首选宽度）、Maximum Width（最大宽度）都设置为 30mil。同理，添加地线的宽度项，其线宽分别为 30mil 和 40mil。

因为电路板中元器件较多,特别是 LED 点阵与芯片之间的连线较为复杂,所以采用自动布线。执行菜单命令 Auto Route│All,完成布线后的 PCB 图如图 4-133 所示。自动布线是根据预先设定的布线规则自动进行的,可能某些地方的布线效果不佳,甚至很糟糕,这时可进行手动调整,尽量完善布线。

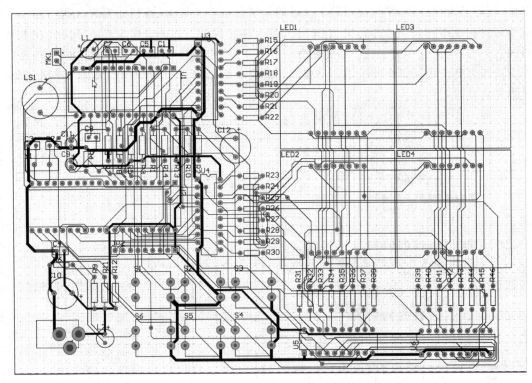

图 4-133　完成布线后的 PCB 图

4）设计规则检查（DRC）

执行菜单命令 Tools│Design Rule Check,采用默认设置,然后单击 Run Design Rule Check... 按钮开始检查,并生成 DRC 报告文件,通过查看报告,Messages 信息框为空,所以并没有违背任何规则。

5）裁板

根据电路图板框大小绘制边框线并进行裁板,即确定电路板大小。裁板时,执行菜单命令 Design│Board Shape│Redefine Board Shape,鼠标光标将变为"十"字,将光标移动至适当的位置,单击,确定板边的起点,移动鼠标依次确定各板边,从而形成一个四边形的电路板。注意布线区距离电路板边缘应大于 5mm,并在电路板四周安装定位孔,定位孔直径可根据实际电路板尺寸确定,一般可取 3mm。最后制作完成的电路板如图 4-134 所示。

6）3D 效果图

执行菜单命令 View│3D Layout Mode,显示 PCB 的三维立体图,如图 4-135 所示。

6.工艺文件

执行菜单命令 File│Fabrication Outputs│Gerber Files,输出 Gerber 文件。随后系统生成 CAMtastic1.Cam 文件,即 Gerber 文件。

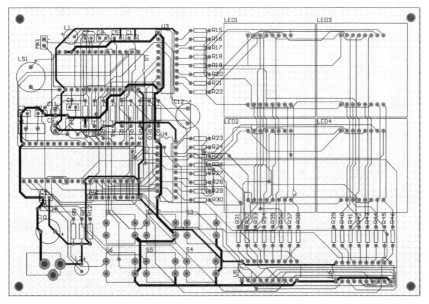

图 4-134 制作完成的电路板

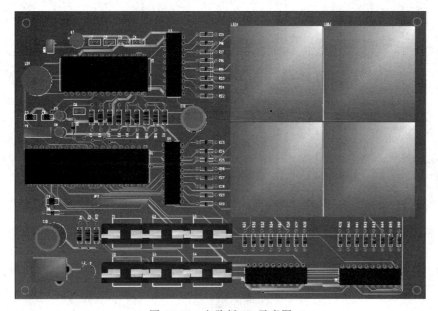

图 4-135 电路板 3D 示意图

【思考题】

(1) PDIP28 和 DIP28 有什么区别?

(2) 补泪滴操作有什么作用? 常见的泪滴形式有几种,分别有哪些?

【能力进阶之实战演练】

完成如图 4-136 所示 LCD 12864 万年历电路原理图和 PCB 的设计,输出 BOM 文件、Gerber 文件及钻孔文件。参考 PCB 如图 4-137 所示。

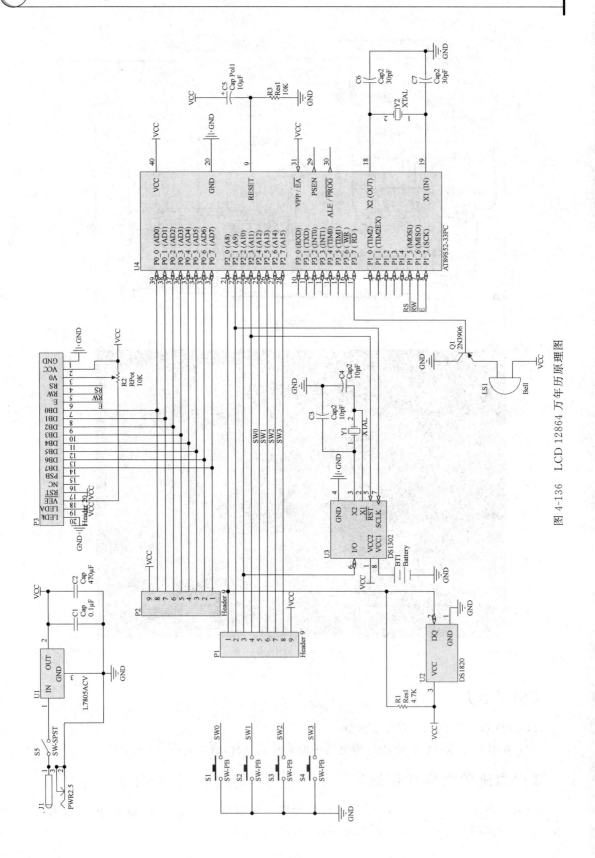

图 4-136 LCD 12864 万年历原理图

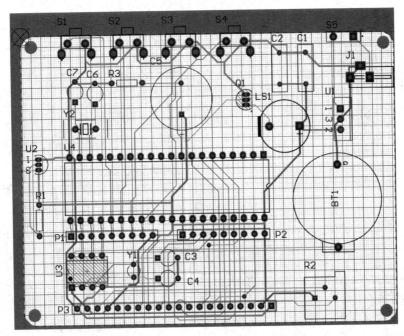

图 4-137　LCD 12864 万年历参考 PCB

实训任务 4-6　遥控电路——四层板设计

任务 4-6
遥控电路

【实训目标】

（1）能绘制元器件原理图库及封装库。

（2）能使用 3D 封装。

（3）能套用原理图模板、绘制原理图。

（4）能生成 BOM 文件。

（5）能套用 PCB 模板，掌握类的设置。

（6）能设计 PCB 四层板并优化。

（7）能完成设计规则检查。

（8）能生成 Gerber 文件。

【课时安排】

6 课时。

【任务情景描述】

完成遥控电路的原理图及 PCB 图设计，制作双面板并生成元器件清单。遥控电路如
图 4-138 所示。

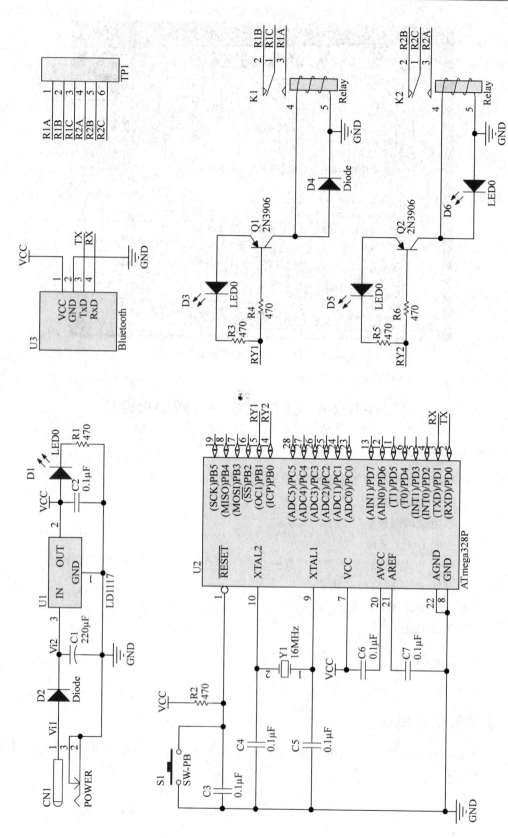

图 4-138 遥控电路

遥控电路 PCB 设计要求如下。

（1）套用原理图模板,绘制遥控电路原理图。

（2）套用 PCB 板框模板。

（3）导入元器件,按照模板要求布局。

（4）设置设计规则、电源和地线的铜膜走线线宽为 30mil,一般布线的宽度为 12mil。

（5）设置类。

（6）增加板层,四层板。

（7）自动布线,连接铜膜走线。

（8）对所绘制的 PCB 板生成 Gerber 文件。

【任务分析】

在 PCB 设计中,如果有高速电路对阻抗的特殊要求,而用双面板布线往往不能工作,就需要选用多层板。什么时候用多层板,关键要看成本要求和稳定性要求。如果成本要求低,而电路频率也不是太高,可以选用板层较少的。如果对稳定性要求比较高(例如医疗仪器),就需要选用板层较多的。

PCB 的绘制有正片和负片之分,正片就是有导线的地方有铜皮,没导线的地方没有铜皮。负片则是有导线的地方没有铜皮,没导线的地方才有铜皮。通常我们设计的单面板和双面板是正片画法,画出来的导线是实实在在的、能看到的铜线。负片主要用于内电层,不布线、不放置任何元器件的区域完全被铜膜走线覆盖,而布线或放置元器件的地方则是排开了铜膜的。那么,四层板是如何分配正片和负片的呢?

目前业界四层 PCB 板的主选层叠设置方案是在元器件面下有一接地层,关键信号优选布 TOP 层。即第一层 Top Layer;第二层 GND;第三层 Power;第四层 Bottom Layer。

这里的第一层和第四层是正片画法,第二层和第三层是负片画法。

【操作步骤】

1. 准备工作

新建项目、元器件库文件、封装库文件、原理图文件、PCB 文件,所有文件全部归档在"遥控电路"文件夹中。

2. 套用原理图模板文件

执行菜单指令 Design | Templates | Project Templates | Choose a File,如图 4-139 所示。系统弹出如图 4-140 所示更新原理图模板,确定后单击 OK 按钮。系统更新原理图模板如图 4-141 所示。

图 4-139 套用原理图模板指令

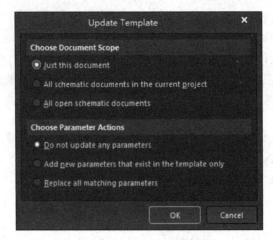

图 4-140　更新原理图模板

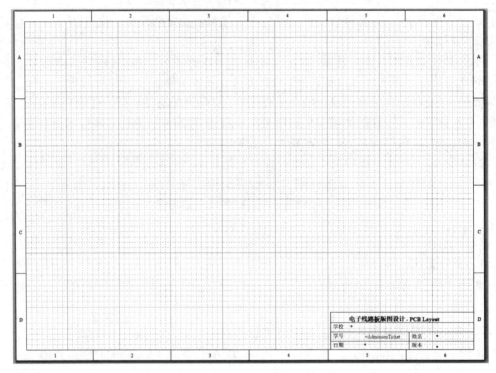

图 4-141　更新原理图模板

3．绘制原理图

此任务中需要绘制集成芯片 ATMEGA328P-AU，此元器件根据 Datasheet 来制作。

1）ATMEGA328P-AU 元器件库的制作

ATMEGA328P-AU 是一种集成电路（IC），核心处理器是 AVR，闪存容量为 32KB。ATMEGA328P-AU 的封装有两种：TQFP32 和 PDIP28。ATMEGA328P-AU 的引脚信息如图 4-142 所示。

双击打开工程文件列表中的原理图元器件库"遥控电路.SchLib"，单击 SCH Library 管

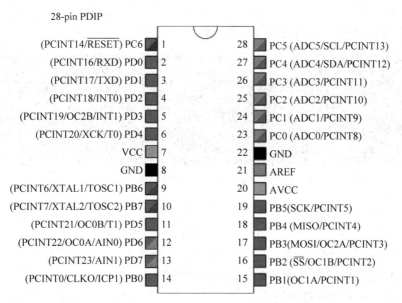

28-pin PDIP

(PCINT14/$\overline{RESET}$) PC6	1	28	PC5 (ADC5/SCL/PCINT13)
(PCINT16/RXD) PD0	2	27	PC4 (ADC4/SDA/PCINT12)
(PCINT17/TXD) PD1	3	26	PC3 (ADC3/PCINT11)
(PCINT18/INT0) PD2	4	25	PC2 (ADC2/PCINT10)
(PCINT19/OC2B/INT1) PD3	5	24	PC1 (ADC1/PCINT9)
(PCINT20/XCK/T0) PD4	6	23	PC0 (ADC0/PCINT8)
VCC	7	22	GND
GND	8	21	AREF
(PCINT6/XTAL1/TOSC1) PB6	9	20	AVCC
(PCINT7/XTAL2/TOSC2) PB7	10	19	PB5(SCK/PCINT5)
(PCINT21/OC0B/T1) PD5	11	18	PB4 (MISO/PCINT4)
(PCINT22/OC0A/AIN0) PD6	12	17	PB3(MOSI/OC2A/PCINT3)
(PCINT23/AIN1) PD7	13	16	PB2 ($\overline{SS}$/OC1B/PCINT2)
(PCINT0/CLKO/ICP1) PB0	14	15	PB1(OC1A/PCINT1)

图 4-142　ATMEGA328P-AU 的引脚信息

理面板 Components 区域中的 Add 按钮,在该库中新建一个名为 Component_1 的元器件,将元器件名修改为 ATMEGA328P。

依然从工作区的基准点开始绘制,其具体操作步骤如下。

(1) 选取矩形绘制 █ 按钮,绘制一个正方形。

(2) 选取放置引脚 ┛ 按钮,分别在两边放置 14 个引脚,注意引脚编号。

(3) 打开"器件属性"区域,设置 Properties 区域中 Default Designator(默认标号)为"U?",Comment(注释)为 ATMEGA328P,绘制完成的原理图符号如图 4-143 所示,然后添加元器件封装库中的封装 PDIP28。

2) 蓝牙模块元器件库的制作

此任务的蓝牙模块是一个接口,原理图符号由 4 头接插件修改绘制。如图 4-144 所示。

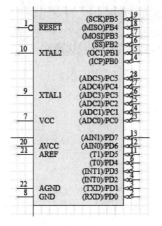

图 4-143　绘制完成的 ATMEGA328P

图 4-144　蓝牙模块

蓝牙模块封装：焊盘尺寸 60mil×60mi,hole 为 30mil；相邻两个焊盘之间相隔 100mil，外框尺寸为 620mil×120mil，其余尺寸细节如图 4-145 所示。

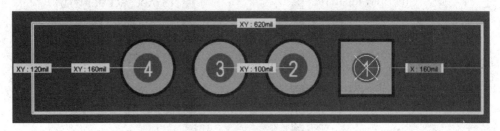

图 4-145　蓝牙模块封装

3）继电器元器件库的制作

继电器（Relay）也称电驿，是一种电子控制器件，它具有控制系统（又称输入回路）和被控制系统（又称输出回路），通常应用于自动控制电路中，它实际上是用较小的电流去控制较大电流的一种自动开关，故在电路中起着自动调节、安全保护、转换电路等作用。继电器线圈在电路中用一个长方框符号表示，如果继电器有两个线圈，就画两个并列的长方框。同时在长方框内或长方框旁标上继电器的文字符号 J。继电器元器件可在基本库 Miscellaneous Devices. IntLib 中找到，名称为 Relay。

继电器的封装：焊盘尺寸 60mil×60mil,hole 为 30mil，细节尺寸如图 4-146 所示。

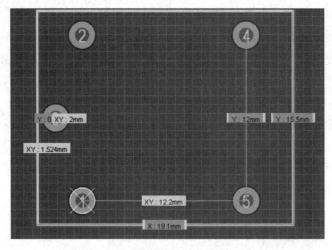

图 4-146　继电器的封装细节尺寸

4）按键元器件库的制作

按键元器件可在基本库 Miscellaneous Devices. IntLib 中找到，名称为 SW-PB。

按键的封装：焊盘尺寸 60mil×60mil,hole 为 30mil，细节尺寸如图 4-147 所示。

5）三端稳压块元器件库的制作

三端稳压块 LD1117 可在基本库 Miscellaneous Devices. IntLib 中找到，名称为 Volt Reg。

三端稳压块的封装：焊盘尺寸 60mil×60mil,hole 为 30mil，细节尺寸如图 4-148 所示。

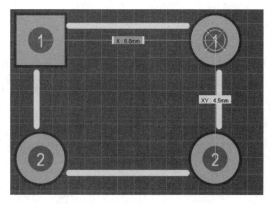

图 4-147　按键的封装细节尺寸

6）有极性电容元器件库的制作

有极性电容可在基本库 Miscellaneous Devices. IntLib 中找到，名称为 Capacitor。

有极性电容封装：焊盘尺寸 60mil×60mil，hole 为 30mil，细节尺寸如图 4-149 所示。

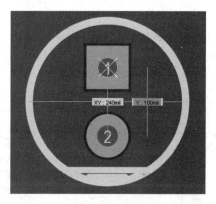

图 4-148　三端稳压块的封装细节尺寸　　　图 4-149　有极性电容的封装细节尺寸

7）晶振元器件库的制作

晶振可在基本库 Miscellaneous Devices. IntLib 中找到，名称为 XTAL。

晶振封装：焊盘尺寸 60mil×60mil，hole 为 30mil，细节尺寸如图 4-150 所示。

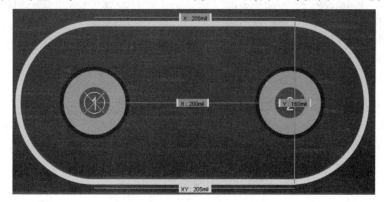

图 4-150　晶振的封装细节尺寸

8）完成原理图的绘制

（1）选取元器件

在 Miscellaneous Devices.IntLib 元器件库中选取阻容元器件等，然后设置电阻、电容和晶振值，在 Miscellaneous Connectors.IntLib 元器件库中选取 6 脚单排插针。注意修改发光二极管的封装分别为 LED。

（2）元器件布局与连线

套用原理图模板，将各元器件摆放整齐，采用网络标号代替部分导线，这样使电路更加清晰。

（3）统一标注

执行菜单命令 Tools | Annotation | Annotation Schematics，将原理图中的所有元器件进行统一标注。

9）生成网络表

执行菜单命令 Design | Netlist For Project | Protel，系统在该工程文件下生成一个与该工程文件同名的网络表文件"遥控电路.NET"。

10）生成元器件清单

执行菜单命令 Reports | Bill of Materials，系统在该工程文件下生成元器件清单。分别选取元器件的 Designator、Value、LibRef、Footprint 属性，并保存成 Excel 文件，即 BOM 文件，如图 4-151 所示。

	Comment	Description	Designator	Footprint	LibRef
1	220uF	Capacitor	C1	CAP-260-1	Cap2
2	0.1uF	Capacitor	C2, C3, C4, C5...	C200 - 1	Cap
3	POWER	Low Voltage...	CN1	KLD-0202	PWR2.5
4	Diode	Default Diode	D1, D2, D3	D400	Diode
5	LED0	Typical INFRA...	DS1, DS2, DS3	LED-3mm_G	LED0
6	Relay	SPDT Relay	K1, K2	Relay-1C-1	Relay
7	2N3906	PNP General...	Q1, Q2	TO-92A	2N3906
8	470	Resistor	R1, R2, R3, R4...	AXIAL-0.3	Res
9	SW-PB	Switch	S1	KEY	SW-PB
10	6P 端子台	6P 端子台	TP1	TP6-3.8mm	TP6
11	LD1117		U1	TO220A	LD1117-3.3
12	ATmega328P	Atmel Mega 8...	U2	DIP-28	ATmeg328P
13	Bluetooth	蓝芽模组 HC-06	U3	BT_HC-06	HC-06
14	16MHz	Crystal Oscill...	Y1	XTAL4-8	XTAL

图 4-151　BOM 文件

4. 套用 PCB 模板

执行菜单指令 File | Import | DXF/DWG，选择 PCB 模板文件 RemoteControl.DXF。DXF 是 AUTOCAD 绘制的文件。系统弹出如图 4-152 所示导入 PCB 模板设置对话框，这里尺寸选择 mm，否则导入的模板会大大缩水。在随后弹出的信息对话框（图 4-153）中单击 OK 按钮，系统导入 PCB 模板（图 4-154）。选择 PCB 外框，执行菜单命令 Design | Board Shape | Redefine Board Shape from selected board 进行裁板。

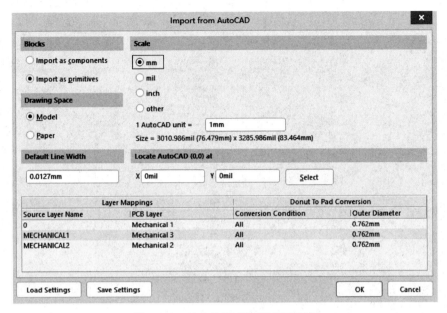

图 4-152　导入 PCB 模板设置对话框

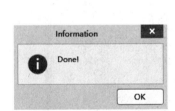

图 4-153　信息对话框

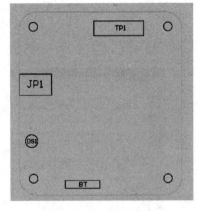

图 4-154　PCB 模板

5. 绘制 PCB

1）导入网络表和元器件

在导入网络表和元器件封装之前,应先确保原理图电路连接正确,而且所有元器件都具有唯一标注和有效封装,否则将会导致网络表文件导入时出错。

在 PCB 工作界面下,执行菜单命令"Design｜Import Changes From【遥控电路. PRJPCB】",检查导入的元器件封装和网络连接是否正确,确保 Status 栏的 Check 列中显示全部为 ,如图 4-155 所示,若显示错误则必须回到原理图进行修改。

2）元器件布局

根据模板位置,放置元器件,在整个 PCB 图中以芯片 ATMEGA328P-AU 为核心元器件,同时参考原理图,尽量使原理上靠近的元器件放在一起,从而使元器件之间的连线尽可

Engineering Change Order							
Modifications					**Status**		
Enable ▼	Action	Affected Object		Affected Document	Check	Done	Message
▲ ▣	Add Components(30)						
☑	Add	C1	To	Remote1.PcbDoc	✓	✓	
☑	Add	C2	To	Remote1.PcbDoc	✓	✓	
☑	Add	C3	To	Remote1.PcbDoc	✓	✓	
☑	Add	C4	To	Remote1.PcbDoc	✓	✓	
☑	Add	C5	To	Remote1.PcbDoc	✓	✓	
☑	Add	C6	To	Remote1.PcbDoc	✓	✓	
☑	Add	C7	To	Remote1.PcbDoc	✓	✓	
☑	Add	CN1	To	Remote1.PcbDoc	✓	✓	
☑	Add	D1	To	Remote1.PcbDoc	✓	✓	
☑	Add	D2	To	Remote1.PcbDoc	✓	✓	
☑	Add	D3	To	Remote1.PcbDoc	✓	✓	
☑	Add	DS1	To	Remote1.PcbDoc	✓	✓	
☑	Add	DS2	To	Remote1.PcbDoc	✓	✓	
☑	Add	DS3	To	Remote1.PcbDoc	✓	✓	
☑	Add	K1	To	Remote1.PcbDoc	✓	✓	
☑	Add	K2	To	Remote1.PcbDoc	✓	✓	
☑	Add	Q1	To	Remote1.PcbDoc	✓	✓	
☑	Add	Q2	To	Remote1.PcbDoc	✓	✓	
☑	Add	R1	To	Remote1.PcbDoc	✓	✓	
☑	Add	R2	To	Remote1.PcbDoc	✓	✓	
☑	Add	R3	To	Remote1.PcbDoc	✓	✓	
☑	Add	R4	To	Remote1.PcbDoc	✓	✓	
☑	Add	R5	To	Remote1.PcbDoc	✓	✓	

Validate Changes　Execute Changes　Report Changes...　☐ Only Show Errors　　　　Close

图 4-155　导入网络窗口

　　能短。在元器件布局的过程中,应充分考虑人性化设计。为了让读者使用方便键盘放在左下方,电源接口、接插件和蓝牙模块等都放在边缘。因电路图中各种相同元器件个数较多,可充分利用"元器件排列"工具栏将元器件排列整齐。

　　布局后的 PCB 图如图 4-156 所示。

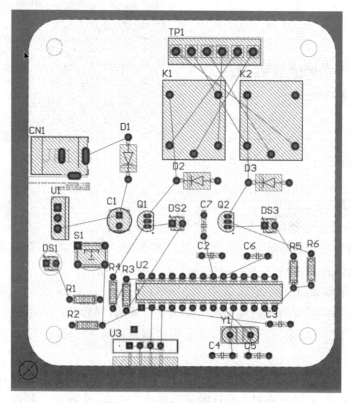

图 4-156　布局后的 PCB 图

3) 设置内电层

（1）在 PCB 环境中，执行 Design｜Layer Stack Manager 命令，打开 Layer Stack Manager 对话框（图 4-157），系统默认 2 层，即 Top Layer 和 Bottom Layer，在这两层上走线，就是正片画法。在新添加的 Plane 层走线，是负片画法。

#	Name	Material	Type	Weight	Thickness	Dk	Df
	Top Overlay		Overlay				
	Top Solder	Solder Resist	Solder Mask		0.4mil	3.5	
1	Top Layer		Signal	1oz	1.4mil		
	Dielectric 2	PP-006	Core		10mil	4.2	
2	Bottom Layer		Signal	1oz	1.4mil		
	Bottom Solder	Solder Resist	Solder Mask		0.4mil	3.5	
	Bottom Overlay		Overlay				

图 4-157　Layer Stack Manager 对话框

（2）添加内电层。选中 Top Layer 后右击，在弹出的下拉列表中选择 Insert layer below 的 Plane 选项（图 4-158），系统新添加的 InternalPlane1（No Net），这是一个负片层。新添加 2 个 Plane，分别命名为 VCC 和 GND，如图 4-159 所示。Pullback 为内电层内缩量，在设计的时候遵循 20H 原则，电源层比参考层内缩 40～80mil 即可。

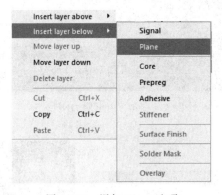

图 4-158　添加 Plane 选项

#	Name	Material	Type	Weight	Thickness	Dk	Df
	Top Overlay		Overlay				
	Top Solder	Solder Resist	Solder Mask		0.4mil	3.5	
1	Top Layer		Signal	1oz	1.4mil		
	Dielectric 1	FR-4	Core		10mil	4.2	
2	GND		Plane	1oz	1.417mil		
	Dielectric 3		Prepreg		5mil	4.2	
3	VCC		Plane	1oz	1.417mil		
	Dielectric 2		Core		10mil	4.2	
4	Bottom Layer		Signal	1oz	1.4mil		
	Bottom Solder	Solder Resist	Solder Mask		0.4mil	3.5	
	Bottom Overlay		Overlay				

图 4-159　内电层

（3）给内电层添加网络。在板层中切换至 GND 的层次，并双击此层，系统弹出如图 4-160 所示内电层 GND。设置内电层 GND 网络为 GND（图 4-161）。与 GND 网络相同的元器件引脚及过孔均会与该层自动连接，而不用布线。同理，设置内电层 VCC 网络为 VCC。负片层是有网络的一层铜皮，打孔即可使用。在 PCB 中，有些元器件焊盘的中心有一个十字，这个焊盘的网络是 VCC 或者 GND，说明已经与相对应的网络连通，如图 4-162 所示。

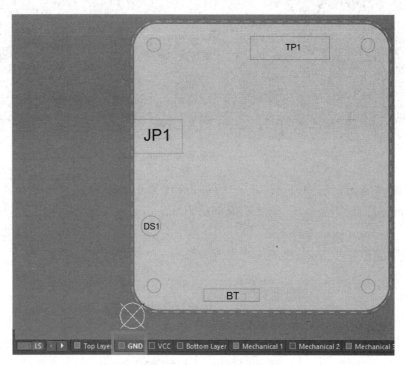

图 4-160　内电层 GND

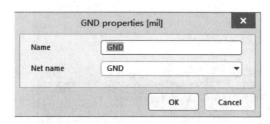

图 4-161　设置内电层 GND 网络

图 4-162　内电层的焊盘

图 4-163　Net Classes 列表

4）设置类

在 PCB 环境中，执行 Design | Classes 命令，在 Net Classes 列表中，右击，选择 Add Class（图 4-163），给 New Class 命名为 AC，并把 R1A、R1B、R1C、R2A、R2B、R2C 归为 AC 类（图 4-164）。同理，再新增一个 Class，给 New Class 命名为 POWER，并把 VCC、GND、Vi1、Vi2 归为 POWER 类。

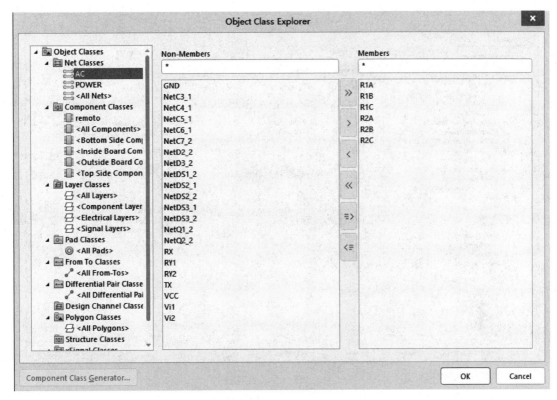

图 4-164　AC 类

5）设置设计规则

执行菜单命令 Design | Rules 打开"布线参数设置"对话框,展开 Routing 中的 Width 选项。右击 Width 选项在弹出的快捷菜单中选择 New Rule,系统将在布线宽度选项中添加新的布线宽度子项 Width_1,在其右边的设置栏中将 Name 设置为 Power。在 Where The Object Matches 区域中选择 Net Class 选项,并在其右边的下拉列表中选择 Power,即设置 Power 类中所有线的宽度。在 Constraints 区域中将 Min Width(最小宽度)、Preferred Width(首选宽度)、Maximum Width(最大宽度)都设置为 40mil,Power 类线宽设置如图 4-165 所示。同理,添加 AC 类的宽度项,设置其线宽为 30mil。

6）自动布线

执行菜单命令 Route | Auto Route | All,完成布线后的 PCB 图如图 4-166 所示。VCC 和 GND 是通过焊盘由内电层连接的。自动布线是根据预先设定的布线规则自动进行的,可能某些地方的布线效果不佳,甚至很糟糕,这时需要进行手动调整,尽量完善布线。

7）设计规则检查(DRC)

执行菜单命令 Tools | Design Rule Check,采用默认设置,然后单击 Run Design Rule Check... 按钮开始检查,并生成 DRC 报告文件,通过查看报告,Messages 信息框为空,所以并没有违背任何规则。

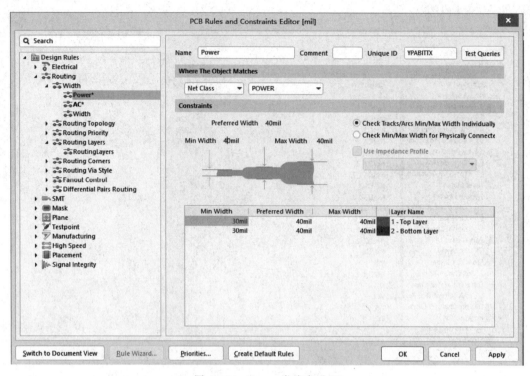

图 4-165　Power 类线宽设置

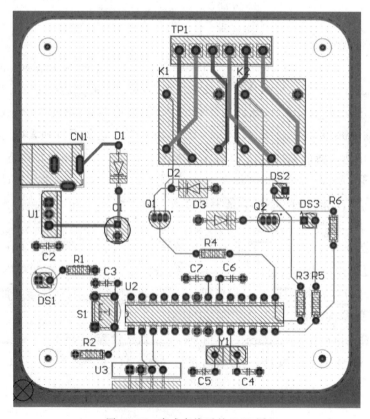

图 4-166　完成布线后的 PCB 图

8）3D 效果图

执行菜单命令 View｜3D Layout Mode，显示 PCB 板的三维立体图，如图 4-167 所示。

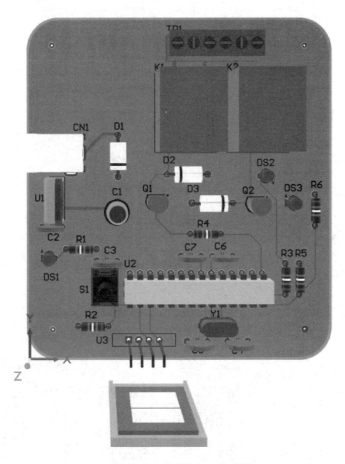

图 4-167　电路板 3D 效果图

6. 工艺文件

执行菜单命令 File｜Fabrication Outputs｜Gerber Files，输出 Gerber 文件。随后系统生成 CAMtastic1. Cam 文件，即 Gerber 文件。

【思考题】

（1）如果把所有元器件换成贴片式封装，你会如何操作？

（2）在多层板设计中，如何区分正片和负片？

【能力进阶之实战演练】

完成如图 4-168 所示温度传感器电路原理图和 PCB 的四层板设计，输出 BOM 文件、Gerber 文件及钻孔文件。参考 PCB 如图 4-169 所示。3D PCB 如图 4-170 所示。

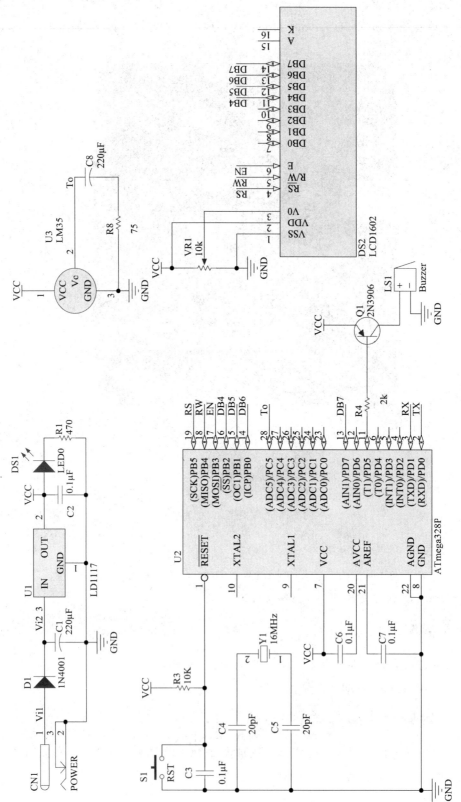

图 4-168　温度传感器电路

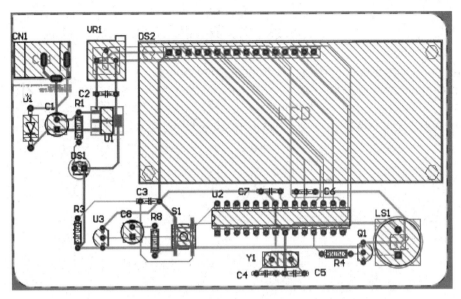

图 4-169　温度传感器电路参考 PCB

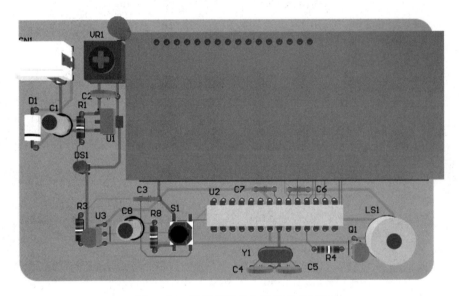

图 4-170　温度传感器电路参考 3D PCB

参 考 文 献

［1］蔡霞.Protel DXP 电路设计案例教程［M］.北京：清华大学出版社，2016.

［2］张义和.Altium 应用电子设计认证之 PCB 绘图师［M］.北京：清华大学出版社，2018.

［3］郑振宇.Altium Designer 19（中文版）电子设计速成实战宝典［M］.北京：电子工业出版社，2019.

［4］彭琛，王海燕.电子电路设计——基于 Altium Designer 15［M］.北京：电子工业出版社，2019.